タイヤの科学とライディングの極意

和歌山利宏

グランプリ出版

はじめに

どうしてバイク乗るの？　と聞かれて、「スリルがあるから」と答える人も多いのではないかと思う。その一方で、どうしてバイクには乗ろうとは思わないのと聞かれて、「恐いから」と答える人もいるはずである。

ともかく、バイクに乗ることにスリルや危険がつきまとうことは事実である。むき出しの身体がスピードにさらされているのだし、転びでもしたらケガは避けられないのだ。バイクは止まっているときでさえ脚で支えることが出来なければ倒れるし、下手に乗れば転ぶ不安定な乗り物である。それに、コーナーで寝ているバイクのタイヤが滑りでもしたら、転倒するのではないかと不安にかられるのも無理はない。

そして、それらを克服することで喜びとか、やり遂げた充実感が得られ、それがバイクに乗ることの魅力の一つになることも否定はしない。バイクに危険の匂いがなかったら、それを乗りこなすことに魅力を感じないことも確かであろう。その意味では、ライディングの醍醐味の裏には危険が潜んでいると言えるかもしれない。だけれども、短絡的に危険の代償によって爽快感が得られるなどとは、私は断じて思っていない。

大切なことは、危険であるかもしれないことを、テクニックと知性、そして正しい考え方によって安全に置き換えることができるということである。だからこそ、ライディングはスポーツであると言えるのである。危険なことを含めて自分自身で完全にコントロール下に置ける喜びこそが、魅力であると考えるのである。

それでも、ややもするとバイクの根底にある危険な面ばかりにとらわれてしまい、恐怖感を覚えてしまうことがある。かつてはライディングを楽しんだことがあった人でも、いつの間にか、その感覚が甦らなくなり、恐くてしようがないと思うようになるかも知れない。程度の差はあってもライダーなら経験があるはずである。それが原因でレースを止めるライダーもいるほどである。何を隠そう、私自身もこうした経験を繰り返してきた一人である。

バイクはそのままでは倒れてしまうのだから、そのこと自体が不安に繋がることも事実である。しかし、ライダーが感じる転倒への不安とか恐怖の根源は、結局のところ、タイヤがグリップして路面に喰い付いてくれるか否かの問題に辿り着くのではないだろうか。

そこで、この本のテーマである。それはタイヤやバイクの性質、そしてライディングを科学的に考え、それらをもとにタイヤのグリップというものに関する疑問を解消していくことにある。

それらを理解したところで、すぐさまライディングの上達に結び付くというものではないにしろ、誤った認識でライディングを混乱させたり、バイクのセットアップの方向性を誤ることなく、バイクライフを楽しんでいただければ、嬉しい限りである。そして、恐怖を克服できて、真にバイクを操っている感覚が得られたとき、ライディングというスポーツはますます魅力的に思えてくるに違いないのである。

本書で使用したライディング写真は、1枚のGPシーンのものを除き、ライダーは全て筆者自身である。写真に添えられた解説も本人のコメントとして受け止めてもらえば幸いである。それらも含めた写真準備に当たっては、『ロードライダー』誌で編集長を務められた植田春彦氏に多大なるご助力をいただいた。この場を借りてお礼の言葉を述べさせてもらいたい。加えて、タイヤの写真や資料に関してご協力いただいた各タイヤメーカーにも謝辞を述べさせていただく次第である。

和歌山 利宏

タイヤの科学とライディングの極意

目次

イラスト 村井　真

第1部 タイヤの知識

第1章 タイヤの基本的な知識

ここではライダーにとって魔物でもあるタイヤについての知識を得てもらいたい。そして、掴みどころのないタイヤの状態を、あたかも自分の履いている靴のように感じ取ってもらいたい。それにもしかすると、あなたがタイヤに抱いているイメージに間違いがあるかもしれない。正しい認識を持てば不安も解消するかもしれない。

1-1.バイクがタイヤに着いている？

最初に、バイクのハンドリングにとってタイヤとはいかに影響の大きいものなのか、そのことを知っていてもらいたい。

バイクも含めて地上を走る乗り物に装着されているタイヤというと、乗り物と路面の間に設けられて衝撃を吸収するクッション材であるとともに、グリップ力を得てエンジンの動力を路面に伝え、コーナーでは滑らずに持ち堪えてくれるためのものであると考えている人が多いと思う。確かに、タイヤがなくて直接ホイールが地面と接し

バイクのハンドリングは、バイクの倒れ込み方とその前後バランス、フロントの切れ込み方に大きく左右される。それだけタイヤの影響は大きいのだ。

ていたら、それはもう言うに及ばずだから、それは間違ってはいない。

ただ、私がバイクに関わってきた経験を踏まえて言わせてもらうと、バイクにとってタイヤというのは、グリップ力うんぬん以前に、ハンドリングそのものへの影響が大きいものなのだ。その影響度は、四輪車のレベルではない。特にオンロードバイクでは、足回りの特性の6～7割方はタイヤで決まってしまうと言っても過言ではない。早い話、気持ち良く乗れるか乗れないかという見方をするなら、そうした好みはタイヤでほとんど決まってしまうと言っても差し支えないだろう。

私が仕事としてバイクに関わるようになった1975年頃だと、ホイール径は前後18インチ、あるいはフロントのみ19インチ、タイヤの扁平率も100%のものばかりで、現在のように扁平化したサイズが多様化していなかったし、アメリカンモデル用の小径リヤタイヤもなかったほどである。まして、ラジアルタイヤなんて夢物語のことだったのだ。

まあ、それが私にとっては恵まれていたわけで、タイヤそのものの進化と、それに伴って進化してきたバイクの流れも、身体で覚えてくることができたと思っている。そんなわけで、この本では、技術的にちょっと難しくなりがちな講釈も、ライダーの感覚から見て分かりやすくお伝えできればと考えているところである。

■タイヤの三つの働き“走る”“曲がる”“止まる”

さて、タイヤには大きく三つの働きがあると言われている。それは、荷重を支え、路面からの衝撃を和らげ、走り、曲がり、止まるというバイクの基本運動に必要な力を発生させるというものである。

バイクが走り、曲がり、止まるためには、バイクと路面との間に力のやりとりが行われなければならない。そのやりとりはタイヤと路面との間で行われる。

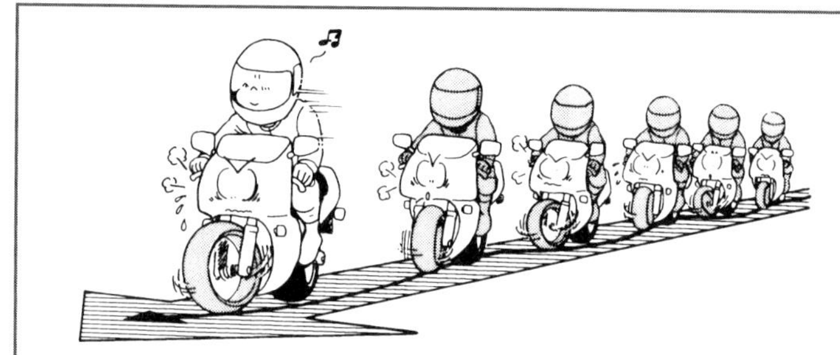

バイクが倒れずに走り続けられるのは、自動操舵機能が働き、自動的に小刻みにバランスを取り続けているおかげである。

最初の二つについては、常識として理解しやすいと思う。私も自転車に乗り始めた頃、子供心に、タイヤがなかったら硬くてたまらんだろうからタイヤが必要なのだ、と思っていたものである。荷重を衝撃吸収したうえで支えないと心地良く走ることなどできないのだ。おそらく、獣医師をしていたイギリスのダンロップさんが、初めて自転車のホイールに空気入りのタイヤを巻き付けたのも、衝撃を緩和したいという狙いがあったからなのだろう。

走り曲がり止まることに関しても、当然、前へ走るためにはリヤタイヤがグリップして路面にトラクションを伝えねばならないし、止まるにはブレーキ力を伝え、その反作用としてバイクを後方に押し戻す力が働かないといけないのだから、理解に難くないはずだ。

問題は、曲がることに関することである。そのままでは倒れてしまう車体が真っすぐ走り、車体を傾けることで初めて自由自在に曲がれるという特有の問題がバイクにはあるのだ。

バイクには、右に倒れようとするとステアリングが自動的に右に切れ、一瞬右に進路を変えることで、バランスを自動的に保っていくという性質が備わっている。だから、右に曲がりたければ、一瞬左に逆操舵してバランスを崩し、右にバイクを倒してやれば、次にバランスを保つべく、自然に右に旋回を始めるというわけだ。

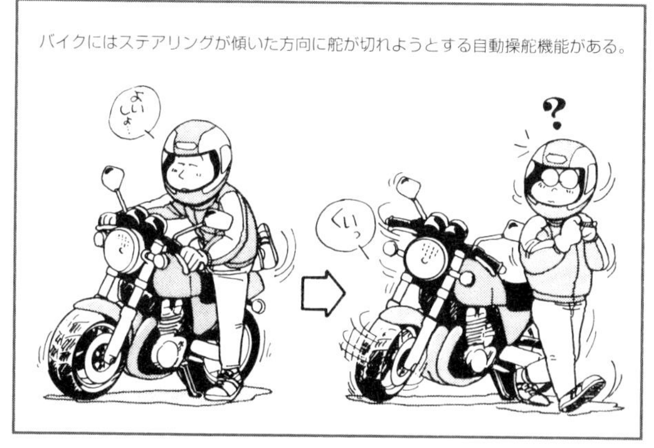

バイクにはステアリングが傾いた方向に舵が切れようとする自動操舵機能がある。

車体が傾いた向きにステアリングが切れる性質を自動操舵機能と呼ぶことにしよう。これに関して、タイヤは大変に大きい影響を及ぼしている。一般的に、バイクのタイヤのプロファイル(トレッドの断面形状)は、リヤがフラット気味であるのに対し、フロントはラウンドに回り込んでいる。これが逆の場合を想像してもらいたい。バイクはリヤから急激に倒れ込もうとするのに、ステアリングは自然に切れてこない。これではバイクは寝るけど曲がらないし、当然、直進を保ちにくくもなってしまうはずである。

もちろん、これにはプロファイルだけでなく、タイヤの構造や剛性、サイズやパターンの影響も受けるのだが、とにかくバイクが真っすぐ走り、素直に旋回を始めることに関して、バイクはタイヤ次第ということでもあるのだ。

また、バイクには立ちが強いものやフロントから切れ込みやすいものなど、一昔前のバイクほどではないにしても、少々のクセはあるものである。だから、そうしたバイクにはクセを緩和する方向の性質を持つタイヤとの相性が良かったり、逆にクセを助長するものもあったりしてしまう。

1970年代の走りを見せるW650(上)と今日的に攻めることのできる1999年型GSX-R750(下)。走りの違いを決定付ける最大の要因はタイヤで、車体はそれに合わせて造り込まれていると考えても差し支えない。

そればかりか、フロントとリヤのタイヤの曲がろうとする力が前後でシンクロしなかったり、車体との剛性バランスが悪くてタイヤが曲がろうとする力で車体がしなったりすることが周期的に現れると、グラッグラッと1秒間に2〜3回の周期で車体が振れ出すこともある。こうしたウォブルとかウィーブと呼ばれる高速走行時の異常現象にも、車体とタイヤとのマッチングの影響が大きいのである。

また、ハイグリップのスポーツタイヤに交換して、タイヤが曲がろうとする力が大きくなったとしても、車体剛性やサスペンションがそうした特性に対応できなければ、タイヤの性能を生かせないし、バイクとして完成されたものにはならない。バイク自体はゆったり走れる素性を持っていても、タイヤだけがクイックに反応しようとすると不安定になりかねないし、たとえそうはならなくても味もソッケもなくなってしまうことだってある。

僕はあるエンジン屋さんから、「エンジンにキャブが着いているのではない。エンジンがキャブに着いているのだ」という言葉を聞いたことがある。キャブレター次第でエンジンの性格は変わってしまうということを言いたかったのだと思うが、これはそのままバイクとタイヤの関係にも当てはまるのかも知れない。

つまり、「バイクにタイヤが着いているのではなく、タイヤにバイクが着いている」というわけだ。事実、多くのスポーツモデルがインジェクション化されている現在では、エンジンだけでなくバイクとしての走りの完成度はインジェクションシステムの完成度に負うところが大きい。それと同様、「ハンドリングはタイヤの完成度とタイヤとマシンのコンビネーションによって完成度を高める」という図式はこれからも変わらないはずなのである。

それに何より、バイクの特性というのは、これから考えていくタイヤの性質によって決定付けられているものでもある。要するにタイヤを生かしきることが、うまく安全で楽しいライディングにつながることになるのだ。

1-2.タイヤ表示は多くを語る

タイヤのグリップについて知りたいのに、タイヤのサイズなんて関係ないなどと思わないでもらいたい。サイズによってタイヤとバイクの性格は異なってくるのだし、そのためサイズも多様化してきたのだから、サイズ表示について知っておいて損はないはずである。

タイヤを選ぶとき多くの人は、まずサイズとブランド、そしてトレッドのパターンに注目することはないだろうか。サイズとブランドについてはサイドウォールに表示されているが、ただサイズに関しては表示の仕方に色々あって、一度覚えた見方が通

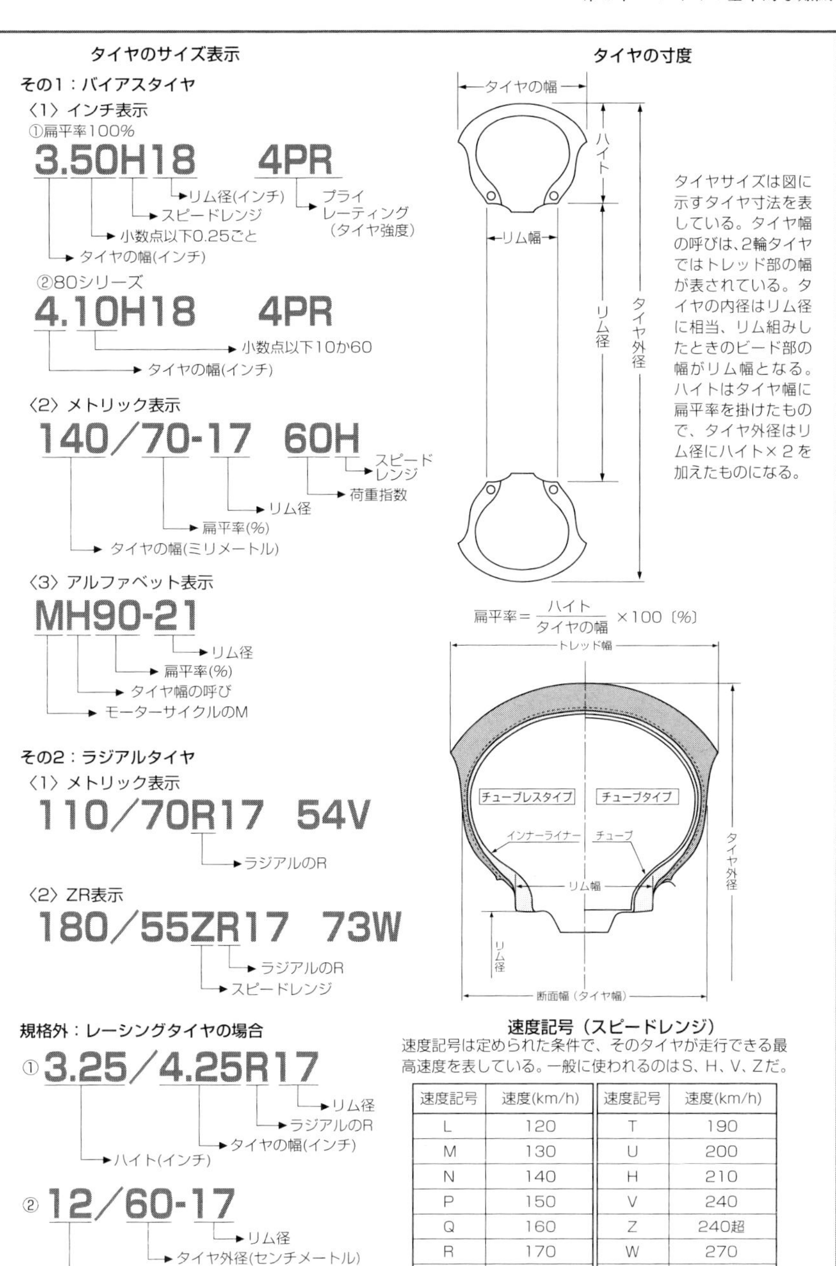

速度記号	速度(km/h)	速度記号	速度(km/h)
L	120	T	190
M	130	U	200
N	140	H	210
P	150	V	240
Q	160	Z	240超
R	170	W	270
S	180	(W)	270超

ロードインデックス（荷重指数）

タイヤのサイズ表示にも添えられている荷重指数は、タイヤが負担できる最大荷重を0から279の間の指数で表している。0が40kg、279が136トンを意味していて、この表はバイク用に使われる範囲のものを抜粋したもの。最大荷重まではタイヤの曲がる力が荷重に応じて大きくなっていくと考えてよく、サイズ変更するときの目安にもなる。

荷重指数	荷重(kg)	荷重指数	荷重(kg)	荷重指数	荷重(kg)
35	121	50	190	65	290
36	125	51	195	66	300
37	128	52	200	67	307
38	132	53	206	68	315
39	136	54	212	69	325
40	140	55	218	70	335
41	145	56	224	71	345
42	150	57	230	72	355
43	155	58	236	73	365
44	160	59	243	74	375
45	165	60	250	75	387
46	170	61	257	76	400
47	175	62	265	77	412
48	180	63	272	78	425
49	185	64	280	79	437

用しないことがままあるのではないだろうか。実際はサイズ的に互換性がある場合でも、それに気が付かないといったケースもありがちであろう。

　サイズ表示には、大きく分けて、インチで表すインチ表示と、ミリメートルで表すメトリック表示がある。世の中の動向としてはメトリック表示への統一にむかっているのだが、バイクの多様化が進んだ現在、なかなか完璧にはいかないようである。そんなわけで、ここでは色々あるタイヤサイズ表示を全て紹介し、まとめて解説しておこう。

■バイアスタイヤサイズ

　では、まずバイアスタイヤ、それも昔からある普通のサイズから紹介しよう。ただ、今のスポーツバイクではあまり普通ではなくなり、タイヤのラインアップも少なくなっている。でも、ミニバイクやビジネスモデル、ややトラディショナルなモデルなどでは、この表示のものが残されていることもあるのだ。

　これは、たとえば3.50-18というように表示されている。これの場合、タイヤ幅の断面高さ(ハイト)に対する比、すなわち扁平率が100%になっている。厳密にいうと、規格上は実扁平率が94%から100%の間にあればいいのだが、100%なら断面の幅と同じだけハイトもあるわけだから、幅が狭いわりには外径が大きいのが特徴である。この3.50は幅をインチで表し、18はタイヤの内径、つまりリム径をインチで表している。

　この数字を見ればサイズは分かるのだが、実際の表示では、幅とリム径の数字の間に3.50S18というふうに、ハイフンの代わりにSとかH、Vといったアルファベットが入っていることがほとんどだ。

　これはタイヤが保証するスピードレンジを表していて、Sは180km/h、Hは210km/h、Vは240km/hまでの保証を意味している。あまりお目にかかることはないだろうが、実際のタイヤ表示がハイフンだけだとしたら、スピードレンジが150km/hまでのPということも、参考のためお伝えしておこう。

　もちろん、この速度に達したらいきなりタイヤが壊れるというものではないが、SよりH、Vほど高速向きで信頼できるタイヤであることに間違いはない。

さらにこの後には、4PRといった表示が見られる。これはタイヤの強度を表していて、この4PR（プライレイティング）は、タイヤ内部を補強するカーカスがタイヤ創成期のカーカス材である木線相当で4枚の強度を持っていることを意味している。何も4枚でなくても、それ相当の強度をクリアしていればいいわけだ。

次にこれによく似た表示で、扁平率80%のものを紹介しておこう。これを区別するには小数点以下の数字に注目する必要がある。扁平率100%のものだと、幅を表示するインチ数の小数点以下の数字は、.00または.25、.50、.75というように25飛びなのだが、80%扁平の場合.10あるいは.60という数字になっているのである。たとえば、4.10H18とか、4.60H18といった具合にである。

4.10-18の場合、幅は4.10インチだが、ハイトは3.25インチ相当に低くなる。昔のバイクで標準タイヤが4.00-18であったからと、このサイズをはめたりすると、とんでもないことになってしまう。幅がコンマ1インチしか違わない表示でも扁平率は異なり、ハイトは低くなり、リム幅も適正値より小さくなってプロファイルもサイドが落ち込んでしまうのだ。だから、くれぐれもこの小数点以下の数字には注意して欲しい。

ここまでがバイアスタイヤのインチ表示で、扁平率に関して混乱しやすいのだが、これがメトリック表示になると、単純明解だから分かりやすい。最初に幅をミリメートルで示し、スラッシュの後に扁平率を添え、そしてハイフンの次にリム径をインチで表している。

たとえば、400ccクラスのリヤによく使われる150/70-17だと、幅が150mmで、扁平率70%、リム径は17インチ。また、アメリカンモデルのリヤの150/80-15だと、扁平率は80%でリム径が15インチということだ。

扁平率は、バイアスタイヤでは70%、80%、90%そして100%のものが規格されており、このサイズ表示でそれぞれのものがみられる。

参考のために付け加えておくと、昔のビッグバイクのリヤに使われていた4.00-18というタイヤに互換性があるのは、110/90-18あたりということになろう。幅は8mmほど広いがハイトはほぼ同じだし、同じホイールへの装着も可能だからである。

また、先ほど、サイズはインチ表示からメトリック表示に統一される動きがあると述べたが、最近のオフロードモデルでは、従来2.75-21だったものは70/100-21に、3.00-21は80/100-21とされているモデルも見られる。これらはサイズ的には互換性があるのだ。またリヤの4.60-18は、120/80-18に相当することになるわけだ。

そして、メトリック表示の場合は、サイズの後に、140/70-17 66Hというように二桁の数字とアルファベットが添えられている。この二桁の数字はロードインデックス（荷重指数）と呼ばれ、タイヤが負担できる荷重を0から279までの数字で表している。0が40kg、279が136トンを表し、この間で細かく荷重が決められているのである。

それぞれのタイヤサイズで最大荷重が定められており、幅と扁平率が大きいほど、それは大きくなる。タイヤ断面の面積が大きくなるほど容量が大きくなるためである。例えば、140/70-17の荷重指数は66で、その最大荷重は300kg。それは150/60-17の場合と同じなのだ。バイクをカスタマイズしてタイヤサイズを変更する場合、この荷重指数を同等以上のものにすることは、安全設計上の大前提になるわけである。なお、このHというアルファベットはスピードレンジで、先ほど述べたことと同じである。

ここで、バイアスタイヤに関してもう一つ、追加しておきたいことがある。H・D（ハーレー）なのだが、これには、フロントがMH90-21、そして前後がMT90B16というサイズを履くモデルがある。ここで最初のMが意味しているのは、モーターサイクルのM、次のHとかTはタイヤの幅である。Hは幅が3.15インチ、Tは5.10インチであると定められているのだ。その後ろの90は扁平率、そして最後の数字はリム径である。90と16の間のBは、ロードレンジ（荷重指数）が4PR相当であることを意味している。

そんなわけで、これらをメトリック表示で表すと、それぞれ、80/90-21、130/90-16となるわけである。参考のために幅表示のアルファベットをもう少し紹介しておくと、Mが3.75インチで、Nが4.10インチである。MM90-19かMN90-19あたりが、よく使われる100/90-19に相当することになるわけだ。

これらはアメリカのTRA規格によるもので、H・Dに残されている表示なのだが、別に特殊サイズというわけではなく、普通のメトリックサイズのものへ変更することも可能なのである。

このように、サイズ表示を見ただけでは全く互換性が無いように感じても、こうした理屈を知っていれば、かなりタイヤ選びにも幅が出てくるから、それだけで楽しみが広がるというものである。

■ラジアルタイヤのサイズ

今やロードスポーツでは一般化してしまったラジアルタイヤのサイズ表示に移ることにしよう。とは言っても、ラジアルの場合もほとんどバイアスのメトリック表示に準じているから、それほど特別なことはない。たとえばフロントラジアルの代表的なサイズだと、120/70R17とか120/60R17といった具合になり、扁平率とリム径表示の間のハイフンに代わり、ラジアルであることを表示するRが入るだけのことである。

これらのサイズの後ろには、それぞれ58V、55Vといったように、バイアス同様、ロードインデックス（荷重指数）とスピードレンジが入る。

ところで、バイクの超高性能化と、ラジアル化のもたらしたタイヤの高速耐久性アップは、Vレンジ以上の高速化を可能にしてきた。240km/hを保証するという従来のVレンジ以上の規格も必要になってきたのだ。そこで生まれたのが240km/h以上270km/

hまでを保証するという(最高速300km/hを超すバイクまで出現しているのだから、実際にはそれ以上の強度を備えているのだが)Zレンジである。

でも、近年では主流になっているZレンジの場合では、その表示の仕方が国際規格であるISOによるほかのものとは若干違っている。190/50ZR17というように、ラジアルのRの前に並べて表すのが一般的になっているのだ。その点で、ここまで述べてきたことと混乱してしまうかもしれないが、今ではスーパースポーツはおろか一般のストリートバイクも含め、ラジアルタイヤはほとんどがこのZR表示になっているのだから、ことさらこれを特別扱いすることもないだろう。

またこの場合、サイズ表示にくっ付く荷重表示は、58W、73Wといった具合にWが添えられている。

ちょっと面白いのは、ラジアル、バイアスを問わずタイヤ表示に添えられることのあるM/Cという記号で、これはモーターサイクル用であることを示している。200/50ZR17 M/Cとか170/80-15 M/Cといった具合に表示されていないと、こうしたサイズで

2002年、日本で開催されたパシフィックGPを前にして、リヤ16.5インチのレーシングスリックについて説明するミシュランの技術者。深いバンク角に対応してショルダー部まで回り込んだプロファイルを実現するために、リム径を小さくする必要が出てきたのだ。S2とS4の2種類のプロファイルをテストしてきたが、4ストロークマシンにはS4のマッチングが良いと言う。

2002Moto GPチャンピオン、バレンシーノ・ロッシの走り。この深いバンク角を見れば、従来のプロファイルではもはや対応できないことは察しが付く。現在では、肘を擦るまで上体をイン側に入れるフォームが一般化している。

は、ひょっとしてこれ四輪用？　という誤解が生じかねないところである。これはそうした誤解に対処した表記なのである。

ざっとここまでで、タイヤのサイズ表示にはすべて触れたはずだが、まだ少し例外が残っている。それはレーシングタイヤで、この場合、幅や扁平率を規格通りに作る必要がなく、ベストのものを開発していけばよいこともあって、たとえ幅と扁平率をメトリック表示で表すにしても一般タイヤの規格にない表示になっている。

例えば、ダンロップのフロントでは120/75R17、リヤでは190/55R17といったように、一般タイヤより扁平率は大きめである。これは深いバンク角に対応してプロファイルがショルダー部まで回り込み、ハイトを稼ぐ必要が出てきたためである。さらにハイトを大きくしようとすると外径が大きくなり過ぎて悪影響を及ぼすということで、リム径を16.5インチとし、195/65R16.5という特殊サイズまで出現したことがあった。

そして、幅と外径を表すことで、現場のメカニックにとって違いを分かりやすいものとしている表示もある。ブリヂストンの場合は、フロントを125/600R17、リヤを190/640R17などとしているが、これは最初の数字が幅で、後の数字は外径となっている。190/640R17は190/55R17相当になるわけだ。また、ミシュランはこれをセンチメートルで表示、12/60-17、19/67-17といったようになっている。

ダンロップスリックはメトリック表示に移行しているが、以前には、4.25/4.75 R17といった表示もあり、最初にハイトの3.25インチを、次に幅の4.75インチを表していたから参考のために触れておこう。これは120/70R17相当ということになる。

さて、このようにタイヤのサイズはじつに多種多様である。

そして、サイズによって、装着時の車体ディメンジョンだけでなく、ハンドリング特性が根本的なところで大きく変わってくる。一般的に言って、扁平率が小さくてハイトが低いほど、トレッドと路面の間で生じたタイヤが曲がっていこうとする力は強くクイックに伝わる。ハイトが低ければ、トレッド面(路面)とマシン(リム)のスパンが短く、タイヤがたわみ捩れる緩衝材としての容量が減るからである。そして、そのことでバイク自体のマッチングも変わってくるから、タイヤのサイズ変更は、バイクのキャラクターのコンセプトに係わる問題となってくるのだ。

そのことについてはこれから触れていくことにするが、タイヤのサイズを変える場合、少なくともタイヤの適合リム幅を合わせるというセオリーは守らないといけない。タイヤ幅が大きくなれば、当然適合リム幅も大きくなる。幅が同じでも扁平率が小さくなれば、リム幅は広がる。ハイトが低いから、リム幅はタイヤ幅に近づけるように広くしなければならないというわけだ。

特にラジアルタイヤでリム幅が狭いと、トレッドがベルトで固められているので、トレッドのサイドだけが落ち込むように曲がり込み、変なプロファイルになってしまう。これでは、とてもまともなハンドリングは得られない。ラウンドなプロファイルを持つバイク用タイヤのその辺のシビアさは、四輪車用タイヤの比ではない。サイズ変更とホイール変更はセットで考えなければならない問題なのだ。先ほどのレーシングタイヤに関しても、幅と扁平率が把握できれば、レース参戦時に一般タイヤから履き換えたときの互換性も見当が付くというものである。

タイヤのサイズ表示については以上に述べたとおりで、タイヤサイズの種類は多く、その表示方法も一つではない。でも、たとえ表示方法が違っていても、実際の寸度は変わらず、互換性のあることが多いことにも気がついてもらえたと思う。

また、サイズ表示には、バイクのスピードや車重に見合った選択をするために、タイヤを使用できる条件も示されている。スピードレンジで使用限界速度の目安が分かるし、荷重指数で耐え得る荷重の目安が分かるようになっているのだ。

■製造日まで分かるって本当？

では、次に、サイドウォールに刻まれているタイヤ表示の細かいところにまで注目してみるとしよう。

メーカーやブランド名のロゴはデザイン上も有効で、文字を白く浮き上がらせたホワイトレタータイヤというものもある。本当のホワイトレターというものは、内部に白いゴムの層を重ねておき、表面の黒いゴム層を削り取るという特殊な製法で作られるもので、省エネの見地からこれの生産をタイヤメーカーが自粛してきたという経緯があるのだが、オーナーがカーショップで売られている専用ペイントで白く塗ったものもなかなかオシャレなものである。

それはともかく、サイドウォールにはそれ以外にもいっぱい細かい表示が記されているものである。中には工業規格(日本ならJIS)の認可番号とか、工場コードや仕様の分類など、タイヤメーカーにとって重要であっても、ユーザーにはあまり関係のないものもあるとはいえ、ユーザーにとって大いに役に立つインフォメーションも含まれている。

実は、タイヤの製造年月日まで分かるのである。それを知っていれば、たとえ摩耗が少なくても、かなり年月が経っていれば交換したほうがいいということも分かるし、何よりショップで古いタイヤを買わされる心配もないから、大いに役立つというものだ。何と言ってもタイヤは新鮮なほうがいい。ただ、タイヤショップへ行って、くれぐれも知ったかぶりをしないでもらいたい。ショップの人に嫌われるのに決まっているからである。

それはともかく、実際のタイヤのサイドウォールに注目だ。これは1300ccクラスのビッグネイキッドモデル、XJR1300のリヤに実際に履かされていたものだ。右側と左

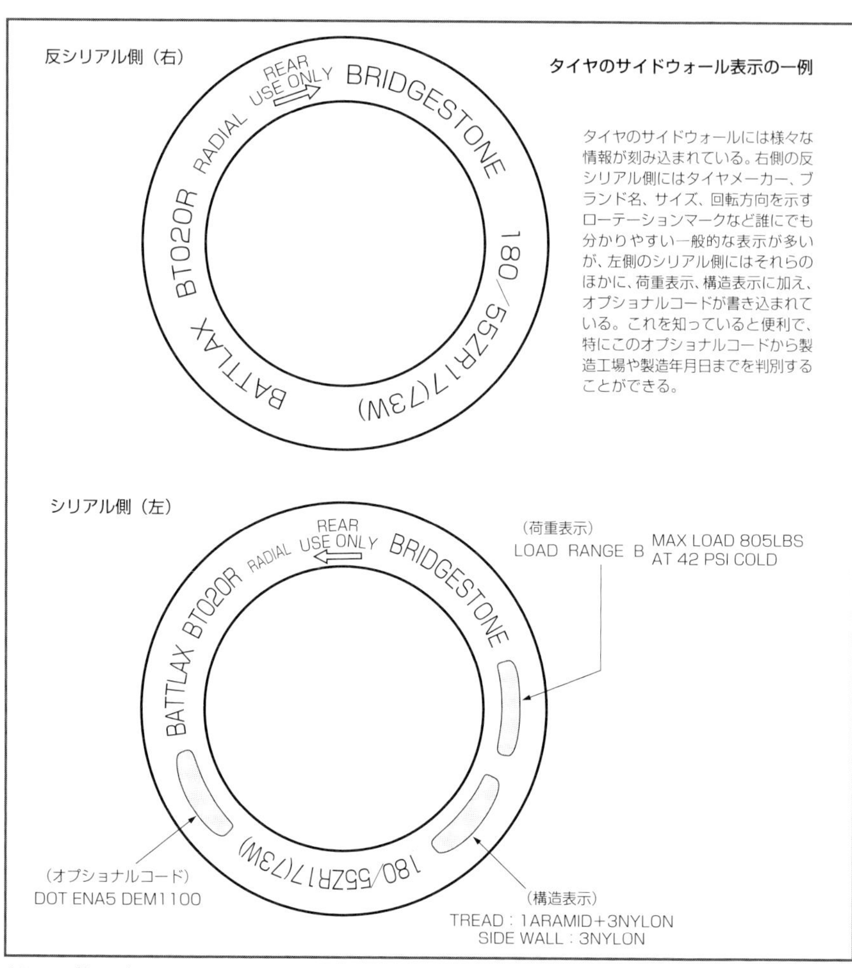

側では若干違い、普通、左側が細かい記号や数字の入ったシリアル側となっている。

右の反シリアル側から説明すると、太い文字での刻印のBATTLAX　BT020Rと入っているのは、タイヤのブランドネームとデザインナンバー、そしてリヤを意味するRだ。まあBRIDGESTONEについては、言うまでもないだろう。

その間にローテーションマークの矢印とRear Use Onlyの表示が入っている。これをリヤに使い、回転方向が矢印の方向になるように組み付けるべきことを示しているのだ。トレッドパターンが方向によって非対称である場合は、回転方向に合わせるという意味合いもあるのだが、これはトレッドの合わせ部分が駆動力が掛かっても剥がれない方向にセットしてやるためのものである。タイヤを作るとき、張り付けたトレッドのゴムを、合わせ部分で斜めに重ねているからである。

ちなみにフロントの場合は、駆動力は掛からない代わりに、ブレーキ力が強く掛かる。そのため合わせ方に対して、このローテーションマークは反対向きになっている。ミシュランには前後両用タイヤもあったものだが、フロントタイヤのマークが、フロントに使う場合とリヤに使う場合で反対向きに両方記されているのは、そのためである。

そして、そのほかには、タイヤサイズ、デザインナンバー、さらに製造国名が記されている。

次に左のシリアル側である。右側と重複するものは省いて、こちらだけのものに注目すると、まず荷重表示がある。その「MAX LOAD 805LBS AT 42 PSI COLD」は日本語に直すと「冷間時42psiにて最大荷重805LBS」。これは、「2.95kg/cm²にて365kg」に換算でき、荷重指数が"73"であることを具体的に表している。また同時に、LOAD LANGE Bに相当しているということになる。

その隣には構造の表示がある。タイヤの内部はカーカスと呼ばれる繊維で補強されており、その構造などについては追々詳しく述べていくことにするが、一般にここではカーカスの材質と枚数をトレッド部とサイドウォール部に分けて表示している。この場合、トレッドはアラミド1プライとナイロン3プライ、サイドウォールはナイロン3プライとなっている。つまり、構造上、ナイロン3プライのラジアルカーカスの上に、トレッド部にはアラミドのベルトが張られているということだ。

さらにチューブレスであるかどうかも表示されている。

そして、DOT ENA5 DEM1100とある。これはオプショナルコードと呼ばれている。DOTというのは、Department of Transportation＝アメリカ運輸省の略号で、これの強度規格に合致したことを示している。ENA5のENは、それぞれのメーカーのそれぞれの工場に与えられている工場コードで、それを見ればメーカーと製造工場が分かることになる。おそらくENはブリヂストンの黒磯工場なのだろう。続くA5はサイズを意味するコードだ。

それに続くDEM1100だが、DEMは、タイヤを構造や材料によって仕様分類したもので、1100という数字が問題の製造年月日を表している。00は2000年の00で、11はその年の第11週という意味である。つまり、このタイヤは、'00年3月5日の週に生産されたということなのである。ちなみに98年製であれば末尾に8の表示しかないのだが、これを88年製と間違うことはまずないだろう。

こんな具合に、タイヤのサイドウォールは、意外なくらい、いろんな多くの情報で一杯なのである。

1-3.タイヤの構造

■タイヤ各部にはそれぞれ役割がある

当たり前のことだが、タイヤというのは、ただのゴムの輪ではない。もちろん、タイヤはリムに組んで空気を入れて初めて期待された働きができるものなのだが、断面形状(プロファイル)もその状態で狙ったものになるように、厳密に設計されているのであって、ただゴムの輪の形をしているのではないのである。

見かけはただのゴムの輪であっても、内部には繊維の補強材が張り巡らされている。その補強材の材質や太さや本数は千差万別だし、一口にゴムと言っても1種類だけでなく、種類の違うものが使い分けられている。

FRPを想像してもらいたい。ガラス繊維を樹脂で固め、さらに表面はゲルコートという顔料入りの樹脂でコーティングしたもので、アフターパーツのカウリング類やボート、バスタブにも使われている材料である。ガラス繊維は引っ張りなどには強いのだが、そのままではフニャフニャである。また樹脂は剛さはあっても、もろいという欠点もある。でも、両者を組み合わせることで、しなやかで強度のあるものとすることができるのである。つまり、タイヤもそれと同じで、二つ以上の材料を組み合わせることで、複合材料として生まれ変わり、新しい性質を得ているのである。

また、タイヤの各部にはそれぞれに課せられた働きがあって、タイヤが全体で漫然と働いているわけではない。それぞれが課せられた働きをまっとうできるように、形状も、そして内部構造やその材料も決められている。バイクが素直にコーナリングし、真っすぐ走るのもそのおかげである。

ただ、僕自身、バイクに乗るとき、いつもタイヤの各部の働きを噛み締めるように乗っているのかというと、決してそんなことはない。もちろん評価テストのときは、

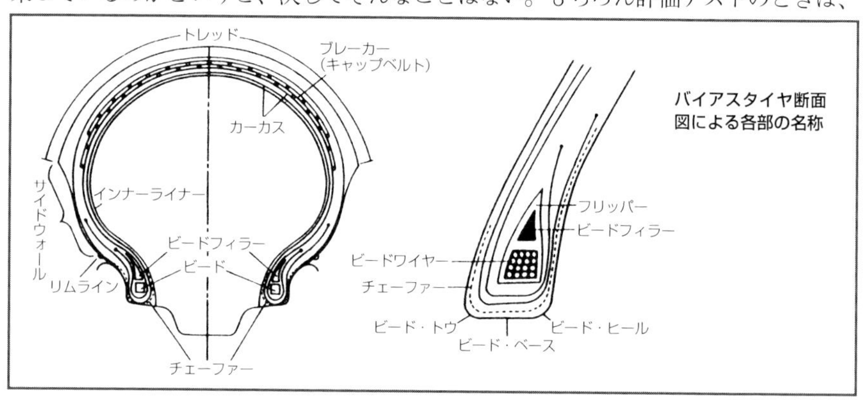

バイアスタイヤ断面図による各部の名称

タイヤのどの部分が硬くて、どの部分が柔らかいから、こうしたハンドリングになっているのかと、神経を研ぎ澄ませて感じ取っているが、普段乗っているときはそうではない。

やはり、単にライディングを楽しんでいるときは、タイヤは硬いホイールの外周をカバーするショック吸収材でしかない。でないと楽しめないのは、ほとんどの読者の皆さんと同じはずである。でも、そこがタイヤの偉大なところである。さりげなく、すごい働きをしているということなのだ。

そんなわけで、ここからは、タイヤがこうした素晴らしい働きをするための大きな要素であるタイヤの構造について話を進めていこうと思う。そこで、まずは、タイヤを分解して、各部の呼び方と、役割について説明していきたい。

タイヤは大きく3つの部位に分けて考えることができる。路面と接するところであるトレッド、タイヤをリムに固定する部分のビード、そしてトレッドとビードの間にあって路面ともリムとも接しない側面部分のサイドウォールの3部位である。

トレッドとサイドウォールの境目のところは、ちょうど肩のようになっているから、ショルダーと呼ばれている。また、ビードとサイドウォールの境目になる部分には、リムラインというラインが描かれていて、リム組みしたときにタイヤが偏心せずセンターに組まれているかを確認できるようになっている。

トレッド部は、タイヤと路面がグリップして、バイクが運動するための力をやりとりする部分である。だから、トレッドに用いられるゴムの配合(コンパウンド)によって、グリップ性能とか耐摩耗性は大きく左右される。そして、ここには、レース用のスリックタイヤの場合を例外として、タイヤの用途や性格に合わせたトレッドパターン(溝の模様)が刻まれている。

ビード部はリムに固定するとともに、この後でお話しするカーカスの両端を支持する働きもある。しっかりとした強度も必要で、内部にはピアノ線を束ねたビードワイヤーがあって、それがリング状になってリムを締め付けている。そのビードワイヤーの周りをカーカスが内側から外側へ巻き上げられている。

この部分を見ると、外側に布状のものが張り付けられているのが分かる。これはチェーファーと呼ばれ、リムと接触するところを補強している。また、ビードからサイドウォールにかけての剛性は、タイヤ特性にとって重要であるため、特にラジアルタイヤではビードフィラーという硬質のゴムで補強されることもしばしばである。

サイドウォール部は、すでに触れたようにいろいろなタイヤ表示があるところだが、ここはタイヤにとってサスペンションの働きをしている部分でもある。タイヤが回転するたびに激しく屈曲を繰り返しているのである。

そして、タイヤの内部はカーカス(ケーシング)と呼ばれる骨格で補強されている。

カーカスは繊維でできているが、それは布のようなものとはちょっと違う。繊維を撚ったコードという糸を、スダレのように並べてゴムで固めて布状にしたプライと呼ばれるものでできている。コード材には、レーヨン、ナイロン、ポリエステル、ケブラーなどが使われ、その太さやスダレ状に並べる密度など、タイヤ特性にとって重要な要素となるのである。

さらにカーカスは、タイヤ全体を被うだけでなく、トレッド部だけにも張り付けられて、トレッド部の剛性を高めている。それをバイアスタイヤではブレーカーといい、ラジアルの場合はベルトと呼んでいる。これらをバランス良く使うことによって、タイヤはそれぞれの部位において理想的な剛性バランスを得ることができるというわけである。

なお、チューブレスタイヤには、タイヤ内面にチューブの代わりをするインナーライナーというゴム層が張り付けられている。インナーライナーは、チューブに使われているものと同様、気密性の高いブチルゴムでできている。チューブの場合と違い、インナーライナーだと、小さい孔が開いてもそれを塞ぐようなシール効果が生まれるので、急激なパンクが起こりにくいというメリットもある。

タイヤはこうした複雑な構造を持っており、工場で作り出すにも結構手間暇が掛かるものでもあるのだ。

■バイアスタイヤの場合

タイヤは、内部のカーカスと呼ばれる骨格で補強されてできている。そのカーカスは、普通の布ではなく、コードという繊維の撚り糸を横に並べたものをゴムで張り付けたプライと呼ばれるものでできている。

さて、タイヤにはその構造から分類して、バイアス構造とラジアル構造の二つがあることはご存じだと思う。その違いは、このカーカスの重ね合わせ方にあるのだが、まずバイアスタイヤのほうから詳しくお話していこう。

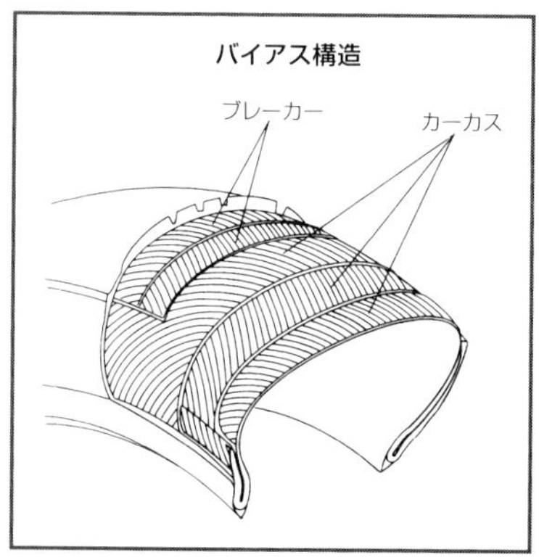

バイアスにしろラジアルにしろ、プライはコードの方向がしっかり管理されて張られていて、バイアス構造では、プライコードが周方向の中心線に対して25〜40度の角度で斜めになるように、互い違いに張り合わされているのが特徴である。重ね合わせるプライ数は2〜5枚程度で、それをビードワイヤーの周りを内側から外側に取り囲むようにターンさせ、ある高さで

カットされている。

そのカーカスがカットされる高さのことを、ターンアップ、あるいは巻き上げ高さと呼んでいるが、たとえば4プライなら4枚の全ての巻き上げ高さが同じなのではない。順次高さが変えられていることが普通である。

トレッド部はさらに剛性が要求されることがほとんどで、この部分だけに1プライもしくは2プライのブレーカーと呼ばれる補強材が追加されていることが多い。2プライの場合は2枚のブレーカーの幅をわずかに変えて重ねることもよくある。ブレーカーもタイヤ全体を被うカーカスと同じように、コードに角度を付けて張り付けられている。その角度はカーカスと全く同じにすることもあれば、いくらか変える場合もあるにせよ、いずれの場合にしても25～35度程度の範囲にあると考えてよい。

このカーカスやブレーカーに使われる材料は、ナイロンかポリエステルが一般的だ。ブレーカーには、ラジアルのベルトによく使われるケブラーが用いられることもあるし、スチールが採用された例もある。

こうした複雑な構造のバイアスタイヤだから、タイヤの剛性を決定する要素は、じつにたくさんある。カーカスの材料、コードの太さ、コードをスダレ状に並べたときの密度である打ち込み本数(単位長さ当りの本数)で剛性は違ってくる。コードが太くて、その本数が多ければ剛性は上がるし、当然、プライの枚数を増やしても剛性は上がる。

バイアス構造では、その構造上、剛性特性を左右する重要な要素にコードアングルがある。中心線とのなす角度が小さいほど、タイヤは剛性が上がるのだ。

ちょっと分かりにくいかもしれないが、角度が90度でコードがタイヤを横断するように横方向に並んでいる場合を想像してもらいたい。これだとタイヤが荷重で押し付けられてたわんだとき、コードは曲がるだけである。ところが角度が0度で周方向に並んでいると、タイヤのたわみによってコードは伸び縮みさせられようとすることになる。コードは曲げに弱くても伸びには強いことは明らかである。だから角度が0度に近づくほど、剛性が上がるというわけである。

剛性が上がるということは、高速で走らせたとき強度的にも有利である。そのため、スピードレンジがHの高速向きのタイヤでは、コードアングルは30度以下と小さめになっているほどである。

トレッド部だけの剛性を上げたいなら、ブレーカーのコードの太さや密度、アングル、枚数によってそれを調整できる。一方、サイドウォール部、それもビード部からサイドウォールにかけての剛性は、巻き上げ高さを高くすれば上げられるわけだから、何枚かあるプライの巻き上げ高さをいかにずらしてやるかで、微妙な剛性バランスも得られることになる。

剛性を上げてやるにしても、コードを太くするのかコードの本数を増やしてやるのか、はたまたコードアングルを小さくしてやるのか、それともプライ数を増やしてやるのか、方法がいろいろである。そんな具合に、タイヤの特性を決定する要素は実に多種多様なのだ。

しかも、同じ剛性アップするにしても、これらによって得られる結果は、決して同じにはならない。例えば、剛性を高めるためにコードを太くするのと本数を増やすことで同じ効果が得られるのかというと、決してそんなことはない。走ってみると全くハンドリングのフィーリングが違うのだから厄介だし面白い。生じる違いは一概には言えないし、文章で表現するのも難しいのだが、組み合わせが無限にある割には、マッチングのよいものは、ごく限られてくる。

ここまで書いて、私は今すごく懐かしい気分になっている。テストライダーを始めて間もない頃、タイヤに関してその辺の煮詰めを徹底的にやった経験があったのだ。

タイヤ剛性を変えるにしても、その方法によってフィーリングが全く違うことを体感し、タイヤの一部分だけ変えたものからも、剛性感の違いを知ることができたのだ。構造のマッチングはコンパウンドによっても変わり、前後のタイヤのバランスによっても違ってくるほどだったのである。

テストタイヤが数10種類はあっただろうか。コンパウンド違いやら、前後のマッチングが加わり、それを複数の機種に対してやったのだから、テスト量は膨大。個人的な興味もあって、そうしたことを3年ばかり繰り返しただろうか。

そうした経験を積んでいくと、走っただけで、頭の中には、コンパウンドだけの違いとか、タイヤの剛性感が5mm単位くらいで細かくディスプレイされて伝わってくるような感覚が生まれてくる。さらに、サスペンションの動きやフレームのしなりも、コンピュータ解析されたような画面が頭の中にイメージできるようになってきたものだ。バイアスタイヤの構造による違いを徹底的に体験し、そのおかげでバイクを感じ

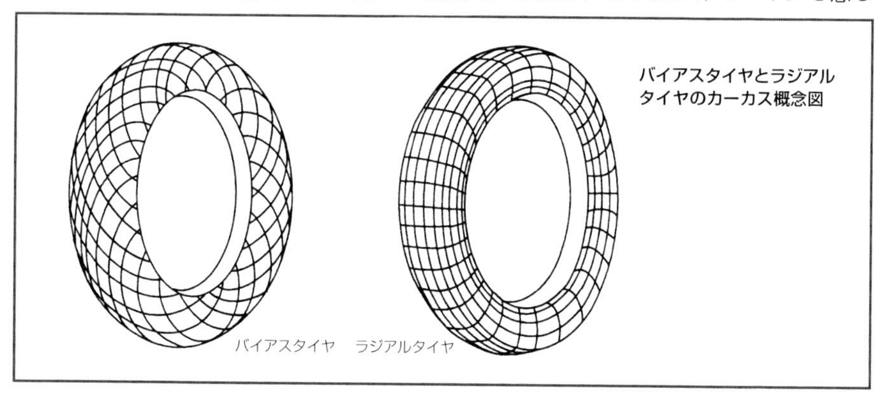

バイアスタイヤとラジアルタイヤのカーカス概念図

る感性を磨くことができたと私自身振り返って思ってしまうほどなのである。

■ラジアルタイヤの場合

バイアスタイヤには長い歴史があり、今でもごく普通に使われている。それからすると、バイクのラジアルタイヤは四輪車に比べてずいぶん実用化が遅れたものである。一般化されたのは1980年代後半のことなのだ。

1970年代だと、私がバイクメーカーのテストライダーという立場でタイヤメーカーのエンジニアの人達と話をしていて、ラジアルタイヤのことが話題に上っても、夢物語みたいな雰囲気があったものだ。

当時、タイヤエンジニアの方にしてみれば、「二輪車のラジアルタイヤのことを口に出すって、こいつタイヤのことを分かってないな」くらいの気持ちがあったのではないかと思う。それほど的の外れた話題でもあったのだ。

それでもバイクは近年、タイヤのラジアル化とともに大きく進歩した。タイヤがラジアル化されなかったら、レースでもここまでラップタイムは向上しなかっただろうし、リッタースーパースポーツも今日のように速くて楽しめる乗り物にはならなかったはずである。

ラジアルタイヤなくして今日のバイクを考えることはできない。まして、この本のテーマであるタイヤの接地感を感じ取るということに関しても、大きく貢献している

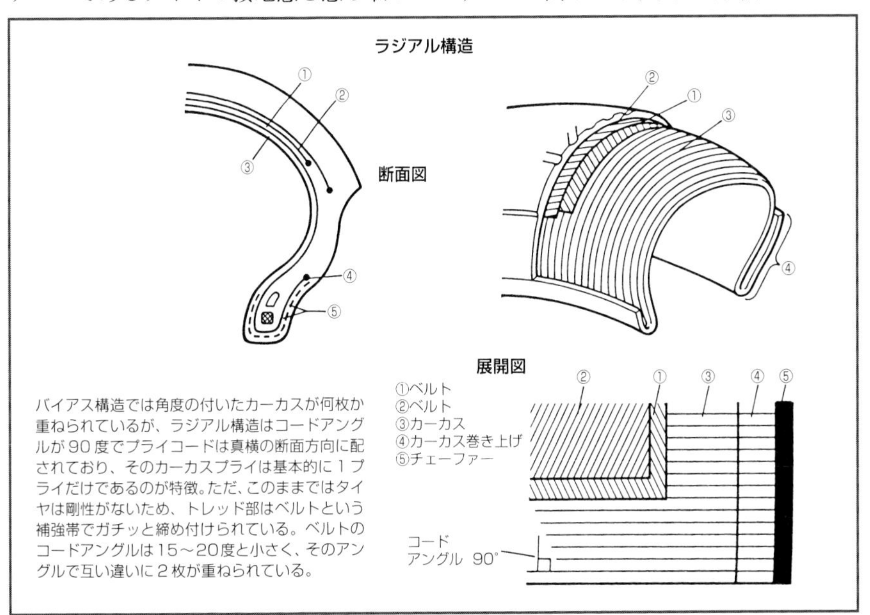

バイアス構造では角度の付いたカーカスが何枚か重ねられているが、ラジアル構造はコードアングルが90度でプライコードは真横の断面方向に配されており、そのカーカスプライは基本的に1プライだけであるのが特徴。ただ、このままではタイヤは剛性がないため、トレッド部はベルトという補強帯でガチッと締め付けられている。ベルトのコードアングルは15〜20度と小さく、そのアングルで互い違いに2枚が重ねられている。

のである。
　前項で、バイアス構造の徹底テストが、私にはテストライダーの感性を磨くのに大いに役に立ったと話したが、ことラジアルタイヤに関しては、なぜか私は重苦しい気持ちに襲われる。1985年からヨコハマタイヤの契約ライダーになり、レースに参戦しながらレーシングラジアルの開発を始めたのだが、それは苦しみの連続であった。思うように走れず、もうバイクに乗るのはイヤだと思った時期もあった。でも、そうした時期を越えたからこそ、またバイクに乗るのが楽しくなっている。そうした意味でも、タイヤ開発の経験は私を育ててくれたということになろうか。
　それはともかく、ラジアル構造の説明に移ろう。
　バイアスタイヤとの決定的な違いは、プライのコードアングルにある。バイアスでは中心線から25～30度の角度で交互に張り合わされていたが、このラジアルはコードアングルが90度。つまり、コードは真横の断面方向に配されている。そして、そのカーカスプライは基本的には1プライだけで、バイアスのように何枚かが重ねられることはない。ただ、ビードワイヤーを囲むように巻き上げることは両者同じである。
　また、コードアングル70～80度くらいでコードを2枚以上張り合わせたさしずめセミラジアルとも言えるタイプも存在する。あくまでラジアルはアングルが90度のフルラジアルが本物だし、そうでないと本来のメリットも得られないのだが、これはいくらかバイアスの良いところも取り入れて、ラジアルタイヤの横剛性の弱さを補っており、寛容でワイドレンジな特性を求め、むしろ近年はこのタイプが主流になっている。実際、タイヤ表示について説明したブリヂストンBT020やミシュランのパイロットロードは前後このセミラジアルタイプ(パイロットロードのリヤは70%扁平仕様のみで、60%扁平はフルラジアル)で、取っ付きの良い特性を得ていた。
　それはともかくとして、カーカスのコードアングルを大きくすると、タイヤの変形に対してコードは曲げられるだけなので剛性が低くなる、とバイアスの解説で言った通りである。だから、アングルが90度のラジアル構造では、タイヤはバイアスと比べてフニャフニャで、タイヤが回転しただけで遠心力で外周方向に膨らむように大きく変形してしまうことになる。
　そこで、トレッド部をベルトという補強帯でガチッと締め付けてやる。桶の外周をタガという鉄製の輪で締め付けるのに似ている。そのため、ベルトのコードアングルは15～20度と小さく、剛性を高めやすい設定となっている。そのアングルで互い違いに2枚のベルトを重ねてやるのだ。
　カーカスコードの材料はナイロンが一般的で、レーヨンやポリエステルも使われる。そしてベルト材にはもっぱらケブラーと呼ばれるアラミド繊維が使われ、それがバイクのラジアル化を大きく進歩させたとも言って差し支えない。スチール製のものが多くなっているのも昨今の傾向である。

でも、こうした構造の違いだけがバイアスとラジアルの違いだと思ってはいけない。そんなラジアルタイヤをどうやって作るのかという問題があるのだ。

バイアスタイヤの製造工程では、最初に平べったい一枚のリングを作る。それは、ビードワイヤーからカーカス、ブレーカー、トレッドのゴムまでを、一枚のリング状に人の手で張り合わせてやったものである。ビードワイヤーからブレーカーまでが同じ外径上に組み立てられている。それから、それを加硫器というタイヤ型のオカマの中にいれて、タイヤの形に仕上げてやる。ビードワイヤーの外径は大きくしようがないが、この工程で初めてトレッド部は大きく引き伸ばされるのだ。

ところが、ラジアルタイヤは同じようにいかない。トレッドがアングルの小さいベルトで固められているので、加硫器に入れても外径を引き伸ばすことができない。そこで成形過程で一度トレッド部だけを膨らませ、そこにベルトとトレッドゴムを張り付けてやる。つまりラジアルでは2段階に分けての成形が必要になるわけだ。

それでもバイクのタイヤには問題がある。四輪車のタイヤならトレッドはほぼフラットだから問題ないのだが、バイクはバンクさせて走るという宿命がある。トレッドプロファイルはラウンド形状でないといけない。いくら2段成形の1段目でトレッドの外径を大きくしておいても、それを加硫器でラウンドにする必要があるのだ。すると、コードは引き伸ばされようとするし、コードにはストレスがたまっていて、出来上がったタイヤは狙ったプロファイル通りにはなりにくいことになる。

それが、バイクのラジアルタイヤが夢物語だった理由の一つである。何はともあれ、それは材料や設計技術の進歩でクリアされ、今日に至っている。そして夢物語だったことには、まだ理由がある。それは次項で触れるとしよう。

■やっぱり理想はラジアルだ

かつては、バイクにとってラジアルタイヤは夢物語であったものである。それは一つには、前項で述べたように、それを作ること自体に困難を伴ったということがある。そして、もう一つの大きな理由は、バイクのハンドリングはラジアルでは成り立たないというものであった。

実は、僕が初めてバイクのラジアルタイヤの試作品に乗ったとき、そのことをまざまざと思い知らされたものである。走り出し、わずかに蛇行した途端、転ぶ！　と思ったものである。何しろバイクは傾き始めているというのに、バイクはそのまま何にもしてくれなかったのである。傾いた方向に自動的にステアリングが切れて、バランスを保ってくれるのがバイクというものである。なのに反応がないのだ。頭が真っ白になった時間をあまりにも長く感じたあと、バイクは向きを変えながら、何とかバランスを保ってくれたのであった。

なぜ、ラジアルがバイクに向かないとされたのかというと純粋なラジアルタイヤの場合、サイドウォールにはコードが横向きに配された1枚のプライしかなく、それではバンクしたとき持ちこたえるだけの剛性がないとされたからである。

もちろん、サイドウォールが柔軟性を発揮するのは、ラジアルタイヤの大きなメリットである。でも四輪車ならともかく、バンクするという宿命があり、タイヤが傾くことで曲がる力を発揮して欲しいバイクだとちょっと事情が違う。タイヤが傾いてもサイドウォールの片側がたわむだけで、その反応は生まれないというわけだ。また、ステアリングが切れても、柔軟なサイドウォールが捻られることで、曲がる力が伝わるのにタイムラグが大きく、反応は遅れてしまうのだ。

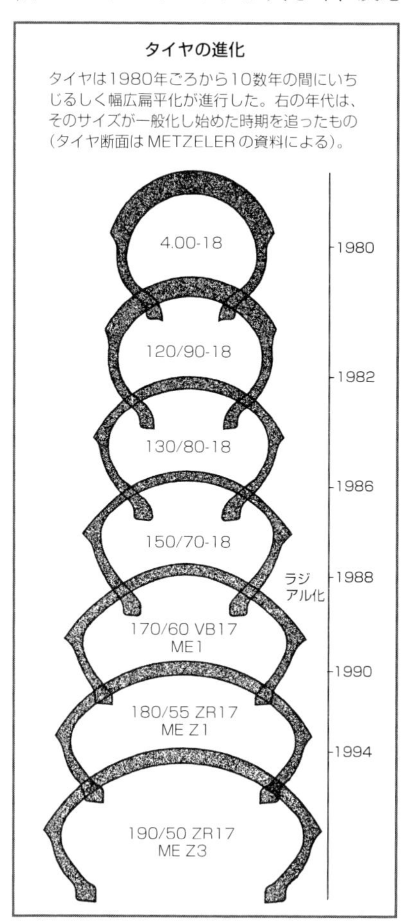

タイヤの進化

タイヤは1980年ごろから10数年の間にいちじるしく幅広扁平化が進行した。右の年代は、そのサイズが一般化し始めた時期を追ったもの（タイヤ断面はMETZELERの資料による）。

当然ながら現在では、こうした欠点は対策されたばかりか、逆にメリットとして生かせるレベルに達している。でも、この世に生まれたばかりのバイク用ラジアルタイヤは、まさに机上で推測できた欠点をものの見事に実証していたというわけである。

柔軟なサイドウォールの変形を抑えるために、ハイトを低くして扁平率を小さくする方法論が定着し、材料や設計技術も進歩した。当初はサイドの剛性を上げるために、カーカスに少しだけ角度を付けたり、サイド補強のプライを追加したり、ビードフィラーを大きくしたりと様々な工夫がされたが、すでに構造はシンプルなラジアル本来のものが定着している。実際、そうしたもののほうがラジアルのメリットを純粋に引き出している。

さて、そのラジアルのメリットだが、トレッドはベルトによってがっちり固められ、対してサイドウォールは柔軟であるため、それぞれに負わされた仕事を高いレベルでこなしてくれるところにある。バイアスは比較的剛性分布が均一となり、タイヤは全体が複雑に動くのだが、ラジアルはそれぞれに異なった特性を造り込みやすいのである。

まず、トレッドをしっかり固めることで、その変形を抑えることができる。そのおかげで高速での遠心力による膨張や発熱も抑えられ、高速耐久性は著しく向上する。300km/hの世界も、ラジアルだからこそ可能になったものなのだ。耐摩耗性や燃費に対しても有利である。そして、グリップ性能も安定する。特に幅広でバイアスだとタイヤ全体が変形して接地面積も変化しがちだが、ラジアルではその変化が小さく、グリップも良くなるのだ。

ラジアルタイヤは、トレッド部がしっかりしていてサイドウォールはしなやかである。トレッド部でしっかりグリップ力を確保し、サイドウォールにケーシングの仕事を負わせており、タイヤ各部の役割分担が明確で、高機能である。

一方、サイドウォールは柔軟で、その部分で吸収性を発揮してくれる。そのことによって接地性も良くなり、ビターッと安定したグリップ感を提供してくれることになる。さらにサイドウォールの変形が、タイヤの仕事のフィードバックとして伝わって、コントロール性も良くなる。タイヤのたわみと高いグリップによって旋回性も向上するわけだ。

コーナーを攻めて限界に達したとき、かつてのバイアスタイヤだと、あたかもト

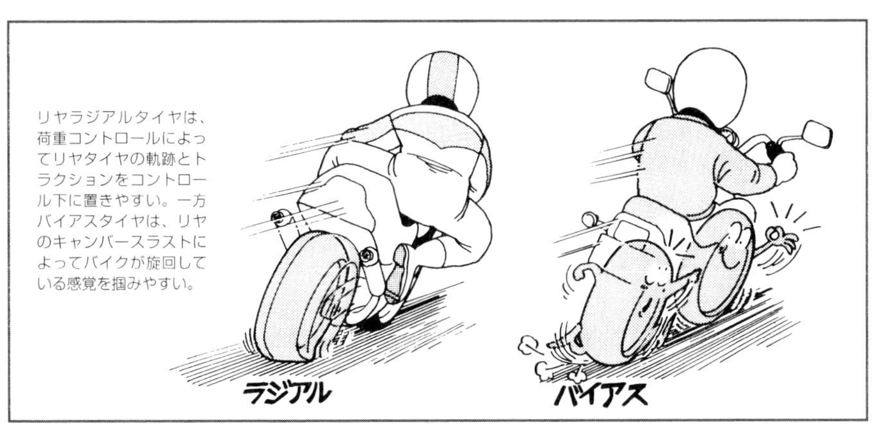

リヤラジアルタイヤは、荷重コントロールによってリヤタイヤの軌跡とトラクションをコントロール下に置きやすい。一方バイアスタイヤは、リヤのキャンバースラストによってバイクが旋回している感覚を掴みやすい。

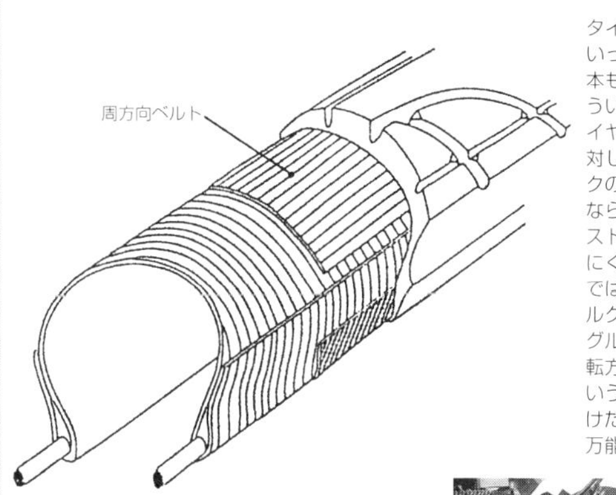

タイヤは繊維（カーカス）で補強されているが、繊維といっても縦糸と横糸を組み合わせたものでなく、糸を何本もスダレ状にしてゴムで固めたものである。それをどういう角度で配するかが大切になる。さて、ラジアルタイヤのカーカスは横方向に配置され、ベルトは縦方向に対して15度ほど傾けて重ねられている。しかし、バイクのタイヤでは、トレッド部をラウンドな形状にせねばならず、成形段階で中央部のコードは伸ばされるようにストレスが生じやすいし、狙ったプロファイルに仕上げにくいことになる。そこで、このモノスパイラルベルトでは、1本のコードをラウンドな形状のトレッド部にグルグルと巻きつけベルトとしているため、ベルトのアングルは0度となるし、ストレスも残りにくい。周方向（回転方向）に剛性が高く、安定性や耐久性にもすぐれるというメリットもあり、究極のラジアル構造ともいえるわけだが、横方向には剛性が弱めという一面もあり決して万能ではない……。

0度ベルトの製造工程

あらかじめプロファイル形状に仕上げたトレッド部に一体のコードを巻き付けていく。この構造によって二輪ラジアルは、大きなメリットを得た（メッツラーのブロイベルグ工場にて）。

成形した生タイヤを金型に入れ、一定温度、一定圧力で加硫（熱と薬品によってゴムの組成を本来に戻す）して、タイヤに仕上げる工程が加硫工程だ。トレッドパターンは金型に刻まれていて、この工程で形になる。生タイヤと完成したタイヤがよく分かる（写真はブリヂストンの4輪車用の工程）。

レッド面がめくれ上がるかのように、グリップの限界に追い討ちを掛けられたものだが、ラジアルタイヤではそうした限界時の過渡特性も良好である。グランプリレースで見られるカウンターステアシーンもラジアルだからこそ可能になったものなのだ。

そのうえ、高速安定性も向上する。高速でバイクが振れ出す現象は、断続的にタイヤのグリップが変化しているという見方もできるのだが、それがラジアルだと、グリップは安定しながら、柔軟なサイドが挙動も吸収してくれるというわけである。

ラジアルタイヤは、タイヤを作るために多くの手間と専用の設備が必要になり、コストが高くなる欠点こそあるが、とにかく性能的にはいいことずくめである。バイクによってラジアルタイヤが標準装着にならないのは、コストのせいである場合も多いのだから、自分のバイクのタイヤをラジアルへ換装することは大いに可能性があると言えるだろう。

そして、このラジアル構造をさらに一歩進めたものがすでに一般化して久しい。モノスパイラルベルト、ジョイントレスベルト、ゼロディグリーベルトなどと呼ばれるものである。

各社の複合ベルト構造

究極のラジアル構造である0度ベルト構造の欠点を補うため、クロスプライベルトを組み合わせる様々な構造が開発されている。

BT-012SSのDBC構造では、ケブラーの0度ベルト（BS＝ブリヂストンではモノスパイラルベルトと呼ぶ）の外側にケブラー製クロスベルトを1枚だけ張り付けている。このクロスベルトのコードは後方から見てハの字の方向に配され（角度は周方向に対して60度。ただしBSではアングルを横方向に対して表しており、したがって30度表記となる）、中央部に約10mmのすき間が設けられていることが大きな特徴だ。この構造によって、0度ベルトの長所を損なうことなく、クロスベルトの効果を最大限に得ようとしているのだ。

0度ベルト構造の欠点ともいえる横方向の踏ん張り不足を補おうと、0度ベルトと、周方向に対して90度に配されるラジアルカーカス（タイヤのいちばん内側にあり、図にも示してあるビードワイヤーを包むように折り返されている）の間に1枚のケブラーブレーカー（クロスベルトをバイアス構造的に使う場合は、ベルトをブレーカーと呼ぶことが多い）を加えたものだ。このブレーカー（クロスベルト）の角度は70～80度で、BSでは、かつてのSPタイヤBT-80Sに始まり、BT-56やBT-010、ダンロップのD208にもこの構造が採用されている。

左の1プライブレーカー構造よりも、さらに横方向の踏ん張りを高めるために、ブレーカー（クロスベルト）をケブラーの2枚構造（クロスプライ）としたもので、BT-012SSの従来モデルに相当するBT-56SSに採用されていた。ブレーカーを0度ベルトの外側ではなく内側に張り付けているのは、トレッドゴムと直接接している部材の影響が走り味に大きく影響するので、クロスプライ構造に生まれがちな硬さなどを極力抑えるためだ。逆に、クロスプライのよさを生かすには、DBCやラジアルデルタ構造のように0度ベルトの外側に置いたほうがよいわけだ。

ミシュランが採用するこの構造は、0度ベルトの外側に2枚のクロスベルトを重ねたもので、さしずめ2プライベルト構造といえる。この構造では、クロスベルトの効果は大きくなるが、反面、硬さなどの欠点も出がちとなる。そのため、コーナリングにおける限界特性が要求されるパイロットレースではクロスベルトをケブラー製として角度も45度を採用するのに対し、乗り心地や安定性の要求されるパイロットスポーツでは、クロスベルトに柔軟で細いナイロンを粗く配し、角度も75度としている。そのことで、クロスベルトの影響を小さくしているのだ。

DBC
（デュアルベルトコンストラクション）

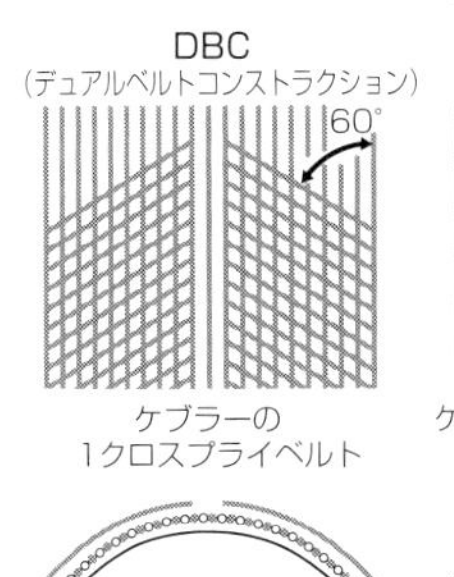

ケブラーの
1クロスプライベルト

1プライブレーカー

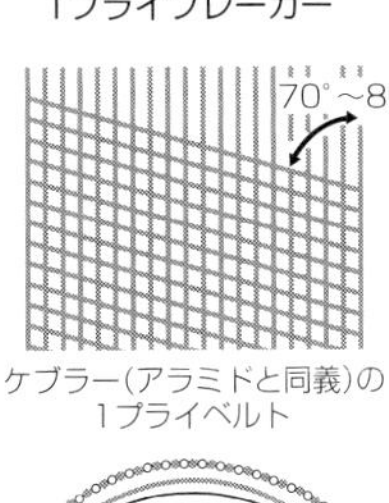

ケブラー（アラミドと同義）の
1プライベルト

2プライクロスブレーカー

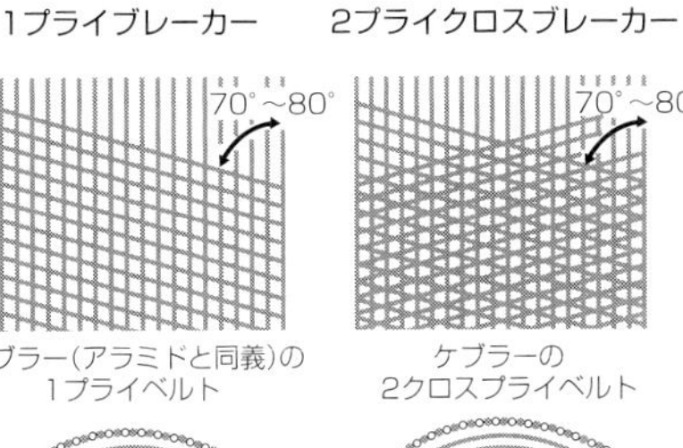

ケブラーの
2クロスプライベルト

ラジアルデルタ

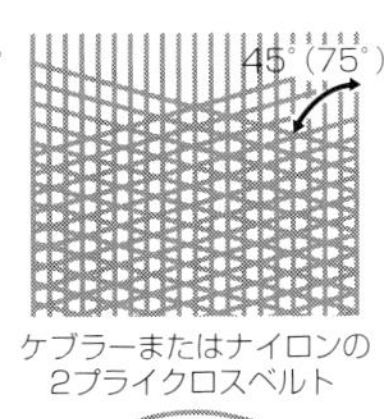

ケブラーまたはナイロンの
2プライクロスベルト

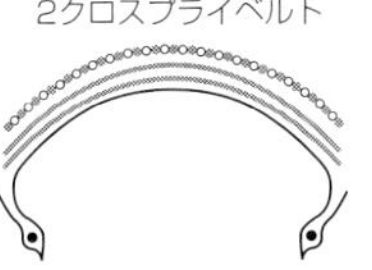

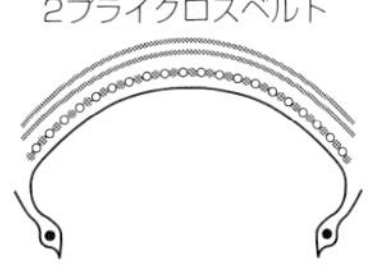

ここで、ラジアルタイヤの工程に注目してもらいたい。いくら2段成形をしても、トレッドを加硫工程でラウンドにするには、ベルトには無理がかかるのだ。そこで、これはベルトを張り付ける2段階目の成形時にトレッドを狙ったラウンド形状に仕上げてやる。そうなると、もはや普通のベルトは張り付けることはできないので、1本の糸をトレッドにグルグル巻き付けてベルトとしているのだ。ベルトアングルは完璧な0度になるわけである。

このタイプのリヤタイヤは、ますますラジアルらしさが明確になっている。ストレスなくトラクションを伝えてリヤタイヤは動転し、ハンドリングも素直だし、高速安定性は驚くほど良好である。その分、フロントの構造はよりシンプルにでき、フロントラジアルのメリットをも引き出しやすくなっていると私は感じている。

ただし、これはフロントには使えないというのがかつての常識でもあった。ベルトのコードの方向が進行方向にしかなく、横方向に抵抗力がないからだ。そんなわけで、リヤタイヤの場合でも、限界付近の過渡特性も今一歩だと、登場当時から私は考えてきたものである。と言うのも、1980年代後半期、某社製のこの種のタイヤをテストしたときの痛い思い出があるからである。

ハンドリングの素直さに調子に乗り、ドリフト走行していたところ、突然裏切られて転倒、手首を骨折してしまったことがあるのだ。その証拠に、リヤであってもレーシングタイヤに使われることはない。

そのため、0度ベルトにわずかに角度のついたクロスプライベルトを組み合わせることで両者の良さを取り入れ、過渡特性を改善したものが、昨今のハイグリップラジアルのトレンドとなっており、各社で様々な工夫が見られる。

例えばミシュランでは、0度ベルトの上にクロスプライのベルトを張り合わせたラジアルデルタ構造を採用している。しかもクロスプライの角度はタイヤのキャラク

スペインのカルタヘナサーキットでブリヂストンBT010をテストする筆者。リヤタイヤは0度ベルトの下側に1プライのクロスベルトを挿入する構造だ。

ターに合わせ、ストリートスポーツ用パイロットスポーツは75度、レース用のパイロットレースは45度と使い分けていたのである。

また、ブリヂストンのハイグリップタイヤBT012SSでは、センター付近は0度構造のまま残すものの、左右に1プライ60度のクロスプライベルトを配したデュアルベルトコンストラクションを採用していた。そのクロスプライベルトのコードは後方から見てハの字に配され、滑ったとき踏ん張れるようにしている。これは、直進時は0度構造の良いところを、コーナリング時はクロスプライ構造の良いところを得ようとする狙いであった。

DBC（デュアルベルトコンストラクション）

ブリヂストンのハイグリップタイヤBT012SSのリヤは、中央部に10mm程度の0度アングルベルトのみの部分を残すも、左右に1プライ60度のクロスプライベルトを配している。

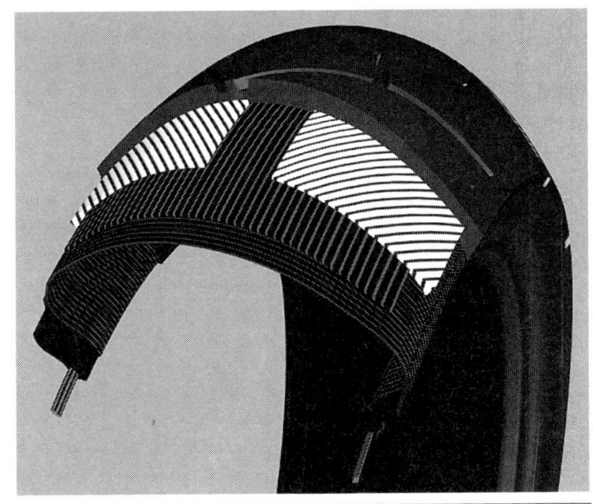

ラジアルデルタ構造

ミシュランのラジアルデルタ構造では0度ベルトの上に2枚のクロスプライベルトを重ねる。図のパイロットスポーツのリヤにはクロスプライベルトには75度の、パイロットレースには45度の角度が付けられる。

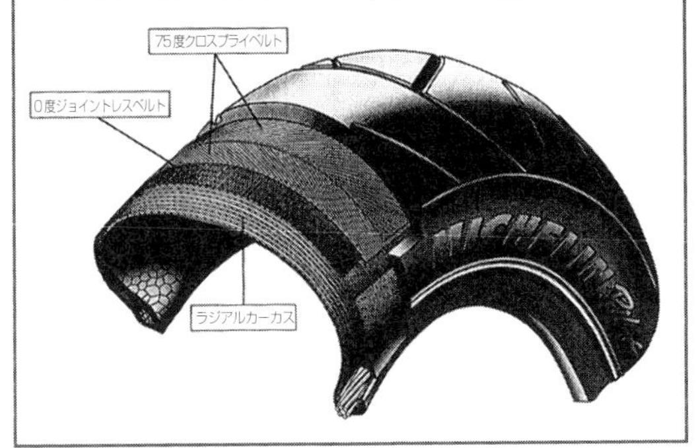

クロスプライベルトは0度ベルトの上に貼り付けると、硬くなりがちになるため、0度ベルトの下側に挿入される例もある。ブリヂストンBT010やダンロップのD208がそれである。それにしても、私の骨折事件から10年経って、こうしたものが出現するとは何か複雑な気持ちであった。

そして、たった今、0度ジョイントレスベルトはフロントには使えないと言ったばかりなのだが、それは過去の話に過ぎない。いや、すでに一般化していると言っていい。

メッツラー、ピレリでは、四輪車用ラジアルの実績からスチールラジアルのメリットに注目、それをバイク用に実現するには0度ベルト化する必要があり、1992年には0度スチールベルトをリヤに採用しただけでなく、1996年にはフロントにもこれを実用化。ブリヂストンもスチールモノスパイラルを登場させてきたのだ。

しかも、プロダクションレー

スでも実績をあげている。フロントに0度ベルトが使える理由は意外と単純明快である。スチールワイヤーはケブラーの糸とは違って、横方向にも硬さがあってナヨッと垂れ下がってしまうことがない。だから、横方向の力にも持ち堪えられるのである(ちなみにダンロップもスチールラジアルを採用しており、細いワイヤーを撚り合わせることで硬さにも対処している)。

また、ミシュランはパイロットロードのフロントにケブラーの0度ベルトを使用している。これは75度アングルの2プライナイロンカーカスを持ったセミラジアル構造であり、カーカスによって横方向へ踏ん張ってくれるので、成り立っていると解釈できる。

このように、ラジアルタイヤは構造的にも各方向への発展性を見せてきた。フルラジアルかセミラジアルか、0度ベルトかクロスプライベルトか、それぞれの良さをコンセプトに合わせて組み合わせ、それでいてシンプル化を図る……。まだまだ進化は続きそうである。

1-4.タイヤサイズ変更の話

■荷重指数にも注目してみよう

バイアスからラジアルタイヤへの換装は大いに可能性があると言ったが、すでに今では、普及版ストリートモデルばかりか大型スクーターにまで、ラジアル化の波は押し寄せている。もちろん、全てではないし、低年式のモデルならバイアスのものも多い。それらをラジアル化してやれば、間違いなく接地感と安定性が向上すると言い切って差し支えない。

その場合、サイズを変えずにそのままラジアル化してやることが、あくまでも大前提である。リムサイズもそのまま使用可能だし、車体セッティングのバランスを著しく崩すこともないからだ。

でも、同じサイズがラジアルでは設定されていないこともしばしばである。特に一昔前の80%扁平タイヤはラジアルでは稀だし、反対にラジアルはバイアスにはない60%扁平が主流だから、サイズを変えざるを得ないケースも出てくる。それに、どうせなら、リムサイズやホイール径も変えてしまったほうが、タイヤの選択肢を増やすという意味合いも含め、面白いかもしれない。

もちろん、それには、ステアリングのアライメントやサスペンション、場合によっては車体剛性に手を入れるレベルまでのセッティングが必要になる。でも、タイヤサイズがある程度マシンのキャラクターを決定してしまうことが事実である以上、それによって自分だけの世界を作り上げていく可能性も広がり、楽しみもひとしおのはずである。

それはともかく、ここではホイール径も含めて、タイヤサイズの変更のことを考えてみたい。

まず、ホイール径だが、これはタイヤ外径として考えることにしたい。それは車高やアライメントを変化させないということであり、マッチングを崩しにくいということでもある。でも、そうしたこと以前に、これが大きいと挙動は穏やかで落ち着いて、安定感が増すが、悪く言うとダルになる傾向がある。それには4つばかりの理由が考えられるだろうか。

一つに、同じようなラウンドなプロファイルを持っていたら、タイヤは大径のほうが大回りする。タイヤを円錐形に例えると分かりやすいが、下図のように径の大きいところと小さいところの比率が小さくなるからだ。そして、大径だとジャイロ効果が大きく、その挙動は穏やかになる。コマは大きいほうが動きもゆっくりしたものになるのと同じだ。

また大径だと、接地面の形状は縦長となり、接地面内における力の状態に変化があっても挙動への影響は小さくなるので、限界時の挙動も穏やかになる。さらに、たとえ同じリム径であってもタイヤ外径が大きいとサイドウォールは高く、そこでの吸収性も高まり、操舵の反応もゆったりとしたものになる傾向もある。

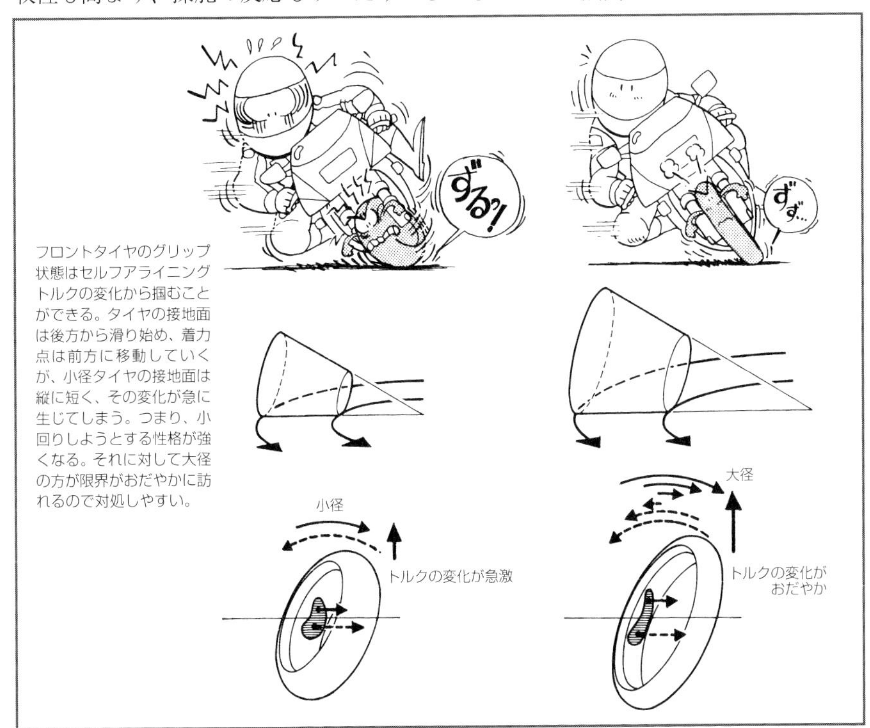

フロントタイヤのグリップ状態はセルフアライニングトルクの変化から掴むことができる。タイヤの接地面は後方から滑り始め、着力点は前方に移動していくが、小径タイヤの接地面は縦に短く、その変化が急に生じてしまう。つまり、小回りしようとする性格が強くなる。それに対して大径の方が限界がおだやかに訪れるので対処しやすい。

これらの相乗効果によって、タイヤ外径の違いがハンドリングに現れると考えて差し支えないのだが、これは前後のバランスによって、より顕著に表れてくる。リヤが大径だとバイク全体が安定しようと、それなりの存在感が演出されるし、これに対し、フロントが小径だとステアリングがクイックに反応することになる。これが反対にフロントが大径だと、ステアリングは大味にゆったりと取り回せる感じとなるわけだ。

近年のネイキッドモデルに注目しても、全てが一般的なサイズの前後17インチになっているわけではなく、2002年型以前のCB1300SFはリヤタイヤの扁平率を上げて外径を高く設定していたし、ゼファー1100はフロントを18インチとし、ZRX400ではリヤを18インチとしている。これらは、このコンビネーションでニュートラルにバランスが取れているのであって、これを変えるということは、そのバランスを崩す可能性もあることを知っておいてもらいたい。

さて、逆に大きくバランスを崩したくない場合、タイヤ外径を同じにすればいいのかというと、決してそれだけではない。

ラジアルへ換装する場合、扁平率を小さくする場合がほとんどであろう。でも、ホイール径がそのままだとして、タイヤ外径も同じにしようとすると、タイヤ幅はかなり大きくなる。するとタイヤのグリップレベルと、車体のポテンシャルレベルのバランスが崩れ、サスから車体剛性までマッチングを図るのならともかく、そのままでは車体が負けるという状態になりかねない。

そのため、幅のアップも外径のダウンもそこそこに妥協点を見つけたあたりが、ベストマッチングということになろうか。また、ホイールを変更しない場合、リム幅を適合させるのが難しくなる。リムはそのままでタイヤを幅広扁平にすると、リム幅不足となり、特にラジアルではショルダー付近がガクンと回り込んだ変なプロファイルになってしまう。さらにタイヤサイズの変更に当たっては、荷重指数を考慮することも大切だ。

このことをXJR400を例に挙げて説明することにする。

XJRのリヤは、タイヤが150/70-17で、リム幅は4.00。これをラジアルに換えることにする。すでに2001年型で同じサイズのままラジアル化されており、従来型をラジアルに換える場合もそのタイヤを使用するのが最良で確実なのだが、ここではあくまで例題として60%のものへの換装の可能性を探ってみることにする。

タイヤハイトは150×0.7＝105mmだから、これと同じハイトで60%扁平だと幅は105÷0.6＝175mmとなる。170サイズだとナナハンサイズだからオーバーサイズで、リム幅も足りない。

ここで荷重指数に注目してみる。負荷荷重はタイヤが許容できる荷重を示している

タイヤ幅と外径の一覧表

	インチ（標準サイズ）				インチ80シリーズ				メトリック100シリーズ				メトリック90シリーズ				メトリック80シリーズ				メトリック70~65シリーズ				メトリック60~50シリーズ			
リム径	サイズ	LI	外径	幅	サイズ	LI	外径	幅	サイズ	LI	外径	幅	サイズ	LI	外径	幅	サイズ	LI	外径	幅	サイズ	LI	外径	幅	サイズ	LI	外径	幅
16	2.75-16	40	562	75					80/100-16	45	566	80	90/90-16	48	568	90									130/60-16	58	562	129
	3.00-16	44	576	80																								
	3.25-16	49	588	89					90-100-16	51	586	90	100/90-16	54	586	101	110/80-16	55	582	109								
	3.50-16	52	598	93	4.60-16	53	603	117	100/100-16	57	606	101	110/90-16	59	604	109	120/80-16	60	598	119	130/70-16	61	588	129				
													120/90-16	63	622	119	130/80-16	64	614	129								
													130/90-16	67	640	129	140/80-16	68	630	142								
													140/90-16	71	658	142	150/80-16	71	646	150								
17																					110/70-17	54	586	110	120/60-17	55	576	122
	2.75-17	42	588	75					80/100-17	46	592	80	90/90-17	49	594	90	100/80-17	52	592	101	120/65-17	55	588	122	130/60-17	59	588	129
	3.00-17	46	602	80													110/80-17	57	608	109	120/70-17	58	600	122				
	3.25-17	51	614	89					90/100-17	53	612	90	100/90-17	55	612	101					130/70-17	62	614	129	150/60-17	66	612	149
	3.50-17	54	624	93	4.60-17	62	629	117	100/100-17	58	632	101	110/90-17	90	630	109	120/80-17	61	624	119	140/70-17	66	628	141	160/60-17	69	624	161
	4.25-17	64	657	114	5.10-17	67	650	130					120/90-17	64	648	119	130/80-17	65	640	129	150/70-17	69	642	149	170/60-17	72	636	168
	4.50-17	66	668	120									130/90-17	68	666	129	140/80-17	69	656	142	160/70-17	73	656	161	180/55-17	73	630	178
																									190/50-17	73	622	190
																									200/50-17	75	632	200
																									190/60-17	78	660	190
18	2.75-18	43	613	75	3.60-18	51	615	92	80/100-18	47	617	80	90/90-18	51	619	90												
	3.00-18	48	627	80																	120/70-18	59	625	119	140/60-18	64	625	141
	3.25-18	53	639	89	4.10-18	58	645	106	90/100-18	54	637	90	100/90-18	56	637	101	110/80-18	58	633	109	130/70-18	63	639	129	150/60-18	67	637	151
	3.50-18	56	649	93	4.60-18	62	654	117									120/80-18	62	649	119					160/60-18	70	649	161
	3.75-18	60	660	100					100/100-18	59	657	101	110/90-18	61	655	109					140/70-18	67	653	141	170/60-18	73	661	168
	4.00-18	64	671	108	5.10-18	68	676	130					120/90-18	65	673	119	130/80-18	66	665	129	150/70-18	70	667	149				
	4.25-18	65	682	114													140/80-18	70	681	142								
	4.50-18	68	693	120									130/90-18	69	691	129	150/80-18	73	697	150								
19					3.60-19	52	641	92																				
	3.00-19	50	653	80									100/90-19	57	663	101	110/80-19	59	659	109								
	3.25-19	54	665	89	4.10-19	60	671	106																				
	3.50-19	58	675	93									110/90-19	62	681	109												

●LI：ロードインデックス（荷重指数）　●外径、幅は標準値（mm）

●本一覧表では、タイヤの互換性をチェックしやすいよう、近似値の外径を持つものを極力横列に並べた。

	タイヤサイズ	標準リム	許容リム
インチ（標準サイズ）	2.75	1.85	1.60～1.85
	3.00	1.85	1.60～2.15
	3.25	2.15	1.85～2.50
	3.50	2.15	1.85～2.50
	3.75	2.15	1.85～2.50
	4.00	2.50	2.15～3.00
	4.25	2.75	2.15～3.00
	4.50	2.75	2.15～3.00
インチ80シリーズ	3.60	2.15	1.85～2.15
	4.10	2.50	1.85～2.50
	4.60	2.75	2.15～3.00
	5.10	3.00	2.50～3.00
メトリック100シリーズ	80/100	1.85	1.60～2.15
	90/100	2.15	1.85～2.50
	100/100	2.50	2.15～2.75
メトリック90シリーズ	90/90	2.15	1.85～2.50
	100/90	2.50	2.15～2.75
	110/90	2.50	2.15～3.00
	120/90	2.75	2.15～3.00
	130/90	3.00	2.50～3.50
	140/90	3.50	2.75～3.75
メトリック80シリーズ	100/80	2.50	(2.15),2.50～3.00
	110/80	2.50	(2.15),2.50～3.00
	120/80	2.75	(2.15),(2.50),2.75～3.00
	130/80	3.00	(2.50),(2.75),3.00～3.50
	140/80	3.50	(2.75),(3.00),3.50～3.75
	150/80	3.50	(3.00),3.50～4.25
メトリック70～シリーズ	120/65	3.50	(3.00),3.50～3.75
	110/70	3.00	(2.75),3.00～3.50
	120/70	3.50	(3.00),3.50～3.75
	130/70	3.50	(3.00),3.50～4.00
	140/70	4.00	(3.50),3.75～4.50
	150/70	4.00	(3.50),3.75～4.50
	160/70	4.50	(4.00),4.50～5.00
メトリック60～シリーズ	120/60	3.50	(3.00),3.50～3.75
	130/60	4.00	(3.50),3.75～4.00
	140/60	4.00	(3.50),4.00～4.50
	150/60	4.00	4.00～4.50
	160/60	4.50	(4.00),4.25～5.00
	170/60	5.50	(4.25),4.50～5.50
	190/60	5.50	5.00～6.00
	180/55	5.50	5.50～6.00
	190/50	6.00	5.50～6.00
	200/50	6.25	6.00～6.50

（　）内のリムサイズは、ラジアルタイヤの場合、好ましくない場合が多い。

適合リムサイズ

のだが、やはりこれが大きいと、それだけタイヤは丈夫なので、同じ荷重がかかってもタイヤはたわまず、オーバーサイズ感が出やすいと言える。リッターバイクのタイヤを250ccに使ってもタイヤはたわまず転がっていくだけになるだろうし、これが逆だと腰砕けのようになるわけで、荷重指数は安全性の問題だけでなく、サイズ選択の目安にもなるわけだ。

150/70の荷重指数は69で負荷荷重は325kg。これが170/60だと指数は72で荷重は355kg

たとえタイヤサイズ表示が同じであっても、タイヤによって外径は異なる。その違いを車高調整機構で補正するのも大切なセッティングである。フロントはフォークの突き出し量で車高調整が可能だし、リヤに調整機構を設けているモデルも珍しくない。写真はリヤの車高を実測する筆者。

でオーバーサイズ、また幅を合わせた150/60では指数が66で荷重は300kgで不足するが、160/60なら荷重指数は同じとなる。

これの適合リム幅は、4.00～5.00とされており、標準リム幅での使用が可能。つまり、これらを総合的に検討すると、160/60R17への変更が可能であるという結論になるわけだ。ただし、ハイトは160×0.6＝96で、9mm低いから、スプロケットで二次減速比の補正と、リヤの車高調整の必要が出てくることは言うまでもない。

第2章タイヤの科学・グリップとコンパウンド

2-1.タイヤのグリップ感覚のつかみ方

■タイヤは接地面の一つに集中して感じるのだ

ここまでは、タイヤのサイズとか構造など、タイヤをチョイスする場合の基礎知識についてお話ししてきたが、ここからはタイヤを科学していくことにする。まずは気になるグリップ力というものについて考えていくとしよう。

グリップ力というのはライダーにとっては命綱みたいなものだ。第一、グリップしなかったら恐くてまともに走ることなどできない。実際、私達がバイクに乗っていて感じる不安は、このグリップ力によるものが大きいのだ。グリップ力の特性は、もちろんトレッド部のゴムだけではなく、タイヤのケーシング全体で決まってくるものなのだが、まずこのゴムについて話を進めるとしよう。

タイヤのトレッドに使うゴムのことをコンパウンドと言っている。コンパウンドとは本来、複合物ということである。ベースとなるゴム(合成ゴムが多い)にカーボンブラックやオイル(鉱物油)を配合して練り合わせて作り、配合で大きく特性が変わってくるため、そう呼んでいるのだ。コンパウンドでグリップ力はもちろん、高いか低いかのグリップレベルの問題だけでなく滑り味にも大きく関わってくる。そればかりかハンドリングにまでも大きく影響してくるものなのだ。

バイクに乗って履いているタイヤのグリップがいいのか悪いのか、ライダーにとって由々しき問題だが、それを判断できるようになるには、少しばかり経験が必要なのかもしれない。かく言う私自身、それが自信を持って分かるようになったのは、結構年齢を経てからだったような気もする。ただ、グリップが悪いと気がついたときには転んでいた……ではマズいのだから、経験が浅いときでも、直感でなんとなく行けそうなのか、無理しないほうがいいのか感じていたはずである。

もちろん、グリップは間違いなくライダーにフィードバックされてくる。この本を読んでそれを体感するためのヒントになれば嬉しいのだが、まず僕が最初に言ってお

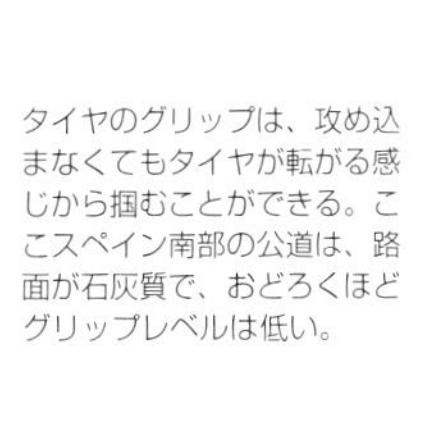

タイヤのグリップは、攻め込まなくてもタイヤが転がる感じから掴むことができる。ここスペイン南部の公道は、路面が石灰質で、おどろくほどグリップレベルは低い。

きたいことはタイヤの感じ方である。

そこで、このグリップ感覚やタイヤのフィーリングを私がどのように感じ取るのかをお話しする前に、それにまつわるエピソードを紹介しておこう。

レーシングタイヤのテストでコンパウンドの違ったものを試していたときのことである。いくつかのコンパウンドを次から次にテストし、私のコメントがコンパウンドの技術屋さんの思惑やデータとも合っていたのであろうか。スケジュールを無事終えたとき、彼に「でも、どうしてそんなことが分かるの？」と尋ねられたことがあったのだ。

「そんなもの、スニーカーの底のゴムを張り替えて、それで何歩か走れば誰だって違いは分かりますよ」と私は思わず答えてしまったものである。それまで私はそんなことを考えたことはなかったのだが、そのときはテスト終了直後で、そのときまでコンパウンドの違いを感じ取りながら走っていた感覚が、思わず口から出てしまったようなのだ。

そう言った後で、私はなぜそんなことを言ってしまったのか不思議でしようがなかった。そこで初めて、タイヤの接地面の状態を、ランニングしているときの靴のように感じていたと、はたと気が付いたというわけなのである。

タイヤの状態を感じるとき、タイヤを形状どおりに丸い輪として捉えていたのでは、どうも掴みづらい。つまり、タイヤのことを、丸い輪が回転しながら滑っているとか、それが倒れたり起きたりしているとか、また吸収性や乗り心地がよいのを単にサスペンションのようにタイヤの回転を止めた状態で感じ取ったりというようにイメージしていたのではだめなのだ。

そうではなく、トレッド上にいくつもある接地面の一つだけに集中して、それが運動しているものとしてタイヤを捉えてやることで、タイヤの状態は掴みやすくなるのだ。

接地している一つの接地面だけに注目してみよう。その接地面はタイヤの周上を車

タイヤのグリップ感がつかみにくいとしたら、それはひょっとして、タイヤが回転していることを忘れているからではないだろうか。

速と同じ速さで回転している。そして、回転しながら車速の速さで前へ進んでいる。そのため、一番上のところでは、車速で回転しながら車速で前へ進むのだから、車速の2倍の速さで前へ進んでいることになる。でも、接地するところでは一瞬静止することになる。その代わりバイクは前に進むというわけだ。これはランニングでの靴の運動にも共通する。タイヤの一つの接地面で路面を蹴りだし、それが一瞬回って、またそれを繰り返しているのだ。

そうすることで、トレッドコンパウンドを靴底のゴム質、トレッドの剛性を底の硬さとか土踏まずの湾曲具合、サイドウォールの剛性を足首の柔らかさとか靴でのホールド感というふうに感じ取ってやるのである。

だから私に言わせると、コンパウンドの違いは何もスライドするまで攻め込まなくても、タイヤが路面を転がる感じからも、かなりのところまで把握することができるものなのである。接地面が路面と接し始めるときの、トレッド面が柔らかくて路面に食い込み、馴染む感じとか、ゴムがジワッと変形して路面に吸い着く感じとか、トラクションで路面を蹴り出したときの足応えからもグリップ感は伝わってくるのだ。

それらの感触から実際のグリップレベルを把握するには、もちろんそれなりの経験も必要であろう。でも、一つのバイクで普通のタイヤとハイグリップタイヤを履き換えたときのフィーリングの違いを感じ取っていけば、誰だって分かるようになるはずである。レースで使っているタイヤウォーマーでタイヤを暖めて、冷えているときとの感触の違いを試してみるのも、それを知る良いきっかけになると思う。

　このように、タイヤの接地面をランニングでの足のように例え、接地した瞬間は静止していると捉えてやることで、タイヤというものがライダーの立場から感覚的に掴みやすいものになるのではないだろうか。

■グリップ力は粘着摩擦とヒステリシス摩擦によって生まれる

　バイクを走らせれば、間違いなくタイヤと路面の間にはグリップ力が生じている。でも、タイヤのグリップ力とは、どのようにして生まれてくるものなのであろうか。そのことについて考えていきたい。

　路面のアスファルトと木片とか金属片などとの固体同士の摩擦だと、表面の細かい凹凸が噛み合って摩擦力を生んでいる。だが、路面とタイヤとの場合では、グリップのメカニズムはこれとはまったく異なる。まず、そのことを頭に叩き込んでもらいたい。

　先ほど言ったように、タイヤの接地面をランニングでの靴の底に例えてみたい。これから述べるのは、ランニングで感じる足の感触であると同時に、ライダーがライディングで感じるフィーリングでもあるのだから、そのつもりで読んで欲しい。

　ランニングでは靴はかかとから接地していく。靴の底というのはタイヤではパターンに相当する凹凸が刻み込まれているし、また靴底の面圧の高いところがかかとから爪先に移動していくことで、靴底は変形していく。その変形によっても、靴底のゴムの路面への喰い付き感が増しているはずである。あたかも靴底のパターンの吸盤が吸い付くように、と形容してもよいだろう。

　実は、これと同じことがタイヤでも起きているのだ。タイヤが接地していないときは、トレッド面は変形せずに中央部が膨らんでいる。タイヤは周方向には円形だし、横方向にラウンドなプロファイルになっているからだ。ところが、それは接地するこ

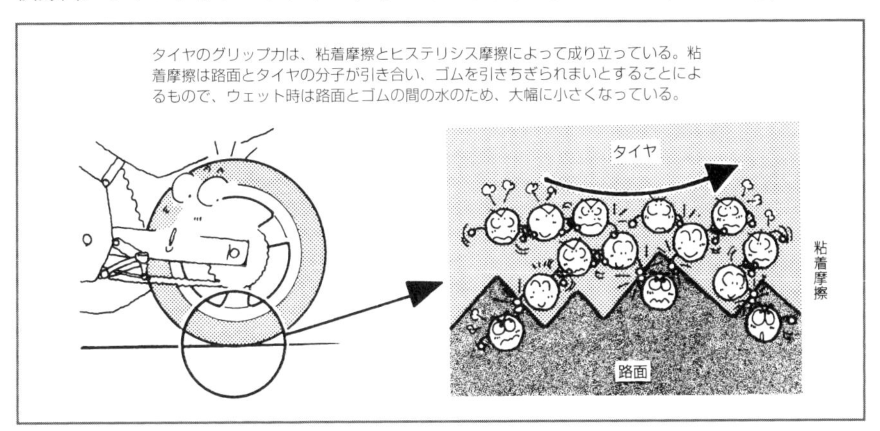

タイヤのグリップ力は、粘着摩擦とヒステリシス摩擦によって成り立っている。粘着摩擦は路面とタイヤの分子が引き合い、ゴムを引きちぎられまいとすることによるもので、ウェット時は路面とゴムの間の水のため、大幅に小さくなっている。

とでフラットになり、接地面内ではゴムは引き伸ばされるとともに、路面との間で滑りが生じることになる。コーナリング中は、接地面は歪められ変形と滑りが生じることになるはずである。

そして、これによってゴムの分子は引き伸ばされる。そのことで、ゴムの分子は路面の分子に吸い寄せられることになる。一つには、これによって摩擦力が生じているのである。分かりやすく言えば、単にゴムを押し当てるより、引き伸ばしながら押し当てることで摩擦力が大きくなるということである。

こういう状態で生じる摩擦が、粘着摩擦と呼ばれるものである。一般に、コンパウンドがソフトだとグリップが良いとされるのは、ゴムが路面の凹凸に喰い込みやすい上に、ゴムが引き伸ばされやすく、粘着摩擦力が大きくなるからでもある。

ランニングで路面を蹴り出そうとしたとき、足元が滑りやすければ、足の裏で踏みにじるように足首をひねりながら走ると、滑りにくいことがある。これはゴムを動かすことで接地面内での滑りを促進し、粘着摩擦を大きくしているのだ。もちろん、それが過ぎると、ゴムと路面の分子が引き合おうとするのを阻害してしまい、逆効果になる。つまり、タイヤはほんの少し滑ったほうがグリップが良いということでもある。

さて、このことについては、この先で詳しく触れていくとして、タイヤのグリップ

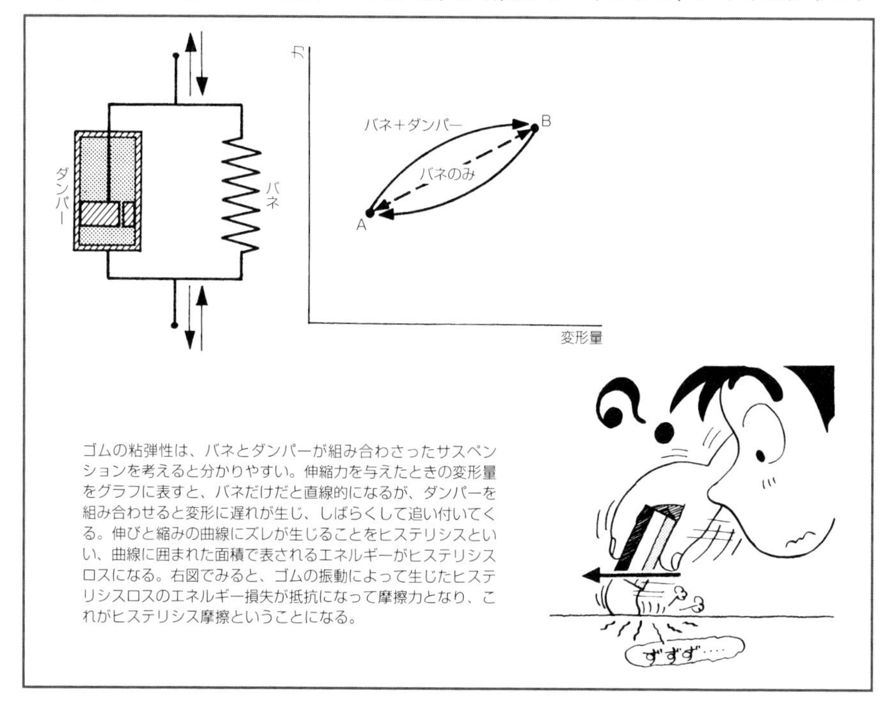

ゴムの粘弾性は、バネとダンパーが組み合わさったサスペンションを考えると分かりやすい。伸縮力を与えたときの変形量をグラフに表すと、バネだけだと直線的になるが、ダンパーを組み合わせると変形に遅れが生じ、しばらくして追い付いてくる。伸びと縮みの曲線にズレが生じることをヒステリシスといい、曲線に囲まれた面積で表されるエネルギーがヒステリシスロスになる。右図でみると、ゴムの振動によって生じたヒステリシスロスのエネルギー損失が抵抗になって摩擦力となり、これがヒステリシス摩擦ということになる。

力の要素は、この粘着摩擦だけではない。実はもう一つ大切なものがあるのだ。それは、ヒステリシス摩擦と呼ばれるものである。

タイヤのグリップ力はランニングでの靴底に例えると捉えやすいと言ったが、ここでもそのように考えてみよう。靴が地面に着き体重を載せていったとき、軟着陸するかのように路面の凹凸にジワーッとゴムが入り込むような感触をイメージしてもらいたい。ここで大切なことは、体重を掛けた瞬間にスッとゴムが凹凸に入り込んでしまうのではなく、ジワーッと入り込んでいくということだ。そして、靴が路面から離れるときも、ゴムは遅れてジワーッと元の状態に戻ることになるのだ。

ゴムがこのようにジワーッと変形している状態で足を蹴り出すと、そのとき靴底に生じるわずかな滑りで、ゴムは細かくビビることになる。そのビビり方には抵抗感があって、それによって路面に重い感じで引っ掛かってくれるはずである。

消しゴムを机の上でこすりつけたとき、ブーッと音が出ながら、抵抗感を感じるのと同じようなものである。でも、もしここで、ゴムがジワーッとではなく、そのままスッと変形するのであれば、ゴムの変形は即座に路面の凹凸に沿ってしまうので、ビビリによるこうした抵抗感は生まれない。

ちょっと理解しにくい現象かも知れないが、ここでゴムの変形についてもう少し詳しく注目してみる。ゴムに力を加えて変形させると、力を加えても変形は遅れ、しばらくして変形が追い付いてくるはずである。逆に力を取り去っても、変形はしばらくそのまま残っている。ゴムはグニョーッと変形するということだ。その力と変形量の関係をグラフに表してみると、力を加えていくときと取り去っていったときの変形量の間にはズレが出て、両者は一致しない。

これがサスペンションの金属バネだと、変形させていくときと戻すときの変形量は一致する(厳密にはそうではないのだが)。実際のサスペンションでは、バネにダンパーを加えることで両者の間にズレが生じているが、それと同じようなものだと言える。ゴムが路面にジワーッと入り込む感じというのは、圧側ダンパーに相当する効果だというわけだ。

バイクのサスペンションにおいて、力と変形量のグラフでズレが出るということは、サスをストロークさせようとするエネルギーの一部がダンパーに吸収され、熱エネルギーに変わっているということである。

それがタイヤでは、タイヤを滑らそうにも接地面でゴムが変形して振動し、タイヤを滑らそうとするエネルギーが熱に変わってしまうということである。ちなみに、これがタイヤの発熱の大きな原因でもあるのだ。

つまり、タイヤを横にズラして滑らせようにも、そこにはエネルギー損失が生じ、それが摩擦力として生かされているということだ。物理的で難しい表現になったが、滑らせようとするエネルギーが熱に変わり、その結果、滑らずグリップしてくれると考えてみてはどうだろう。ゴムが振動していると言ってもピンとこないかも知れないが、四輪車でタイヤがグリップ限界付近でキーッと鳴くのはゴムの振動のため、と考えれば納得がいくだろう。

このようなグラフで二つの曲線が一致しない現象を専門用語でヒステリシスといい、これによるエネルギー損失をヒステリシスロスと言う。そのためこうした摩擦をヒステリシス摩擦と呼んでいるのだ。

ゴムには、バネのような弾性体に加え、ダンパーの粘性体としての性質がある。そのため、ゴムを粘弾性体と呼んでいるが、そのおかげで摩擦力が生まれるのだ。

結局、タイヤのグリップ力というのは、前項で述べた粘着摩擦力と、このヒステリシス摩擦力とによって得られていて、両者を加えたものであるのだ。粘着摩擦は接地面でゴムが引き伸ばされることによって路面との間に生じる粘着力、そしてヒステリシス摩擦ではゴムの動きのエネルギー損失によるグリップ力なのだ。

ただし、路面が舗装路ではなく土や砂利の上では、タイヤのパターン(ブロック)と路面との噛み合いによっても、グリップ力を得ている。これは、ゴムのブロックが引きちぎられまいとする抵抗力による機械的なグリップ力であると言える。そこで、このような摩擦力を凝集摩擦と呼んでいる。

この凝集摩擦は舗装路面ではほとんど生じないと考えて良い。つまり、ドライ舗装路面において溝の有無はグリップ力には関係なく、オンロードタイヤを溝が広くて深いブロックパターンにしてもグリップ力が大きくなることはない。逆にブロックの変形が滑りにつながってしまうことが多い。タイヤが摩耗しても、ドライ路面なら、グリップ力そのものが落ち込むことはないのだ(タイヤのトータル性能としては落ち込むのだが)。

ここまで言えば、ピンとくる人も多いだろう。そう、トレッドの溝をなくすことで

ラフロード用のタイヤでは、タイヤのブロックが路面に噛み込むことによる凝集摩擦も働いている。

実接地面積を大きくするとともに、トレッドの変形をなくしてソフトなコンパウンドを使用可能とし、粘着摩擦力とヒステリシス摩擦力を目一杯稼げるようにしたのが、ロードレースで使うスリックタイヤなのである。

■グリップのメカニズムを考えればその性質も明らかになる

タイヤのグリップについて考えるとき理解しにくいと感じるのは、どうも中学校か高校で習った摩擦力のことと、ゴッチャになって混乱してしまうせいもあるのではないだろうか。とにかく、摩擦力のことは忘れてほしい。理科が嫌いだった人のほうがグリップ感覚を把握しやすいのは、そうした知識にこだわらないから、ということもないのだろうが。

それはともかく、オンロードタイヤのグリップ力は、粘着摩擦とヒステリシス摩擦によって得られている。それぞれの発生のメカニズムについては説明した通りだが、ちょっと硬い話になってしまったので、ここでは実際に私たちがバイクに乗ったとき気になるグリップ力の性質を、そうしたメカニズムから考えていきたいと思う。

実はゴムのグリップ力というのは、バイクを乗りこなす上において、願ってもない性質を持っているものなのだ。まずタイヤには、完全にグリップしているよりは、ほ

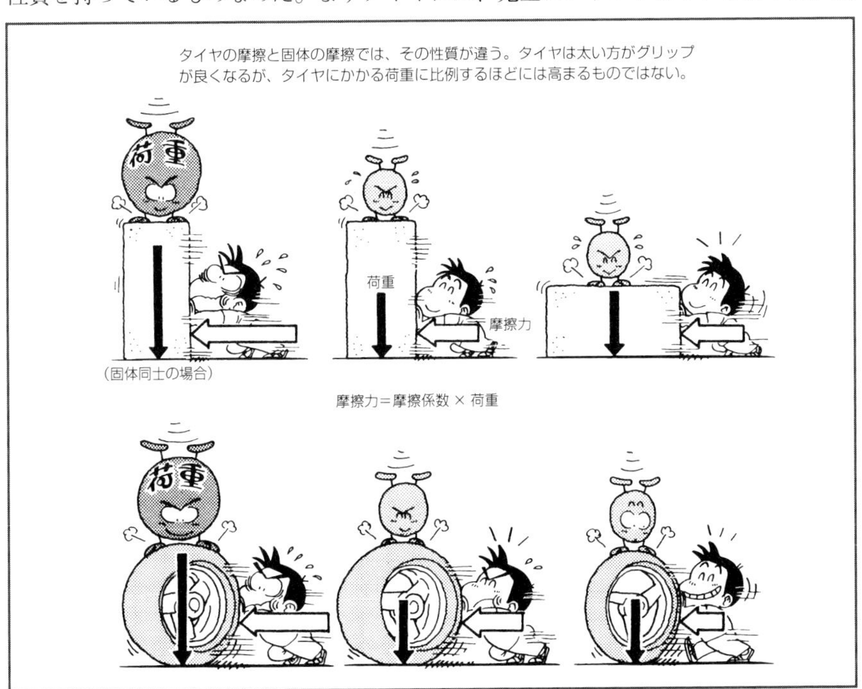

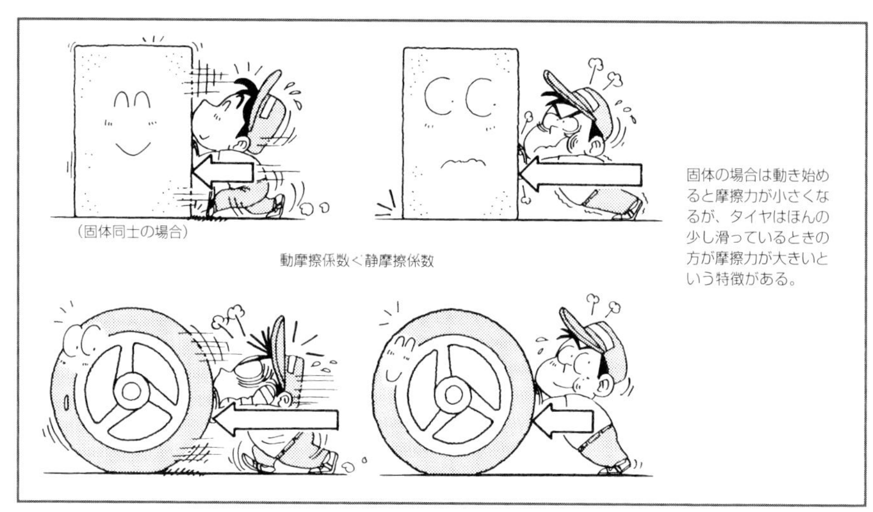

んの少し滑ったほうがグリップが良いという性質がある。詳しくは後ほど触れるが、簡単に言うと、ゴムは少々動いて細かい変形を繰り返していたほうが、抵抗が生まれ路面に喰い付きやすいのである。

理科で習った固体同士の摩擦だと、動き出す寸前の静摩擦力が最大で、動き出したときの動摩擦力はそれより小さくなるという性質がある。そして、動き出してしまえば速度に係わらず動摩擦力は一定である。

机の上に載せた錘にバネ秤を付けて引っ張ると、動き出す寸前に最大値を示し、そ

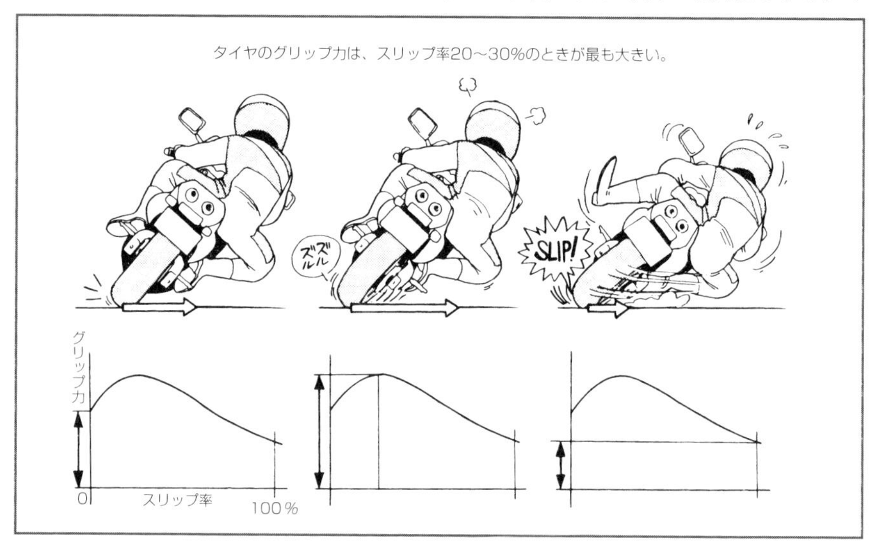

の後は低い一定値を示すというわけである。これは、固体の表面の細かい凹凸が噛み合うことで摩擦力が発生し、動き出す寸前までその噛み合いが保たれるが、動き出すとそれが壊れて摩擦力が小さくなってしまうからである。

もし、タイヤがプラスチックか何かでできていて、グリップの性質がこれだとしたら、たまったものではない。滑った途端、グリップ力が小さくなってしまうので、いきなり転倒である。たとえ転倒を免れたとしても、滑りの程度に関わらずグリップ力は一定のままなのだから、スライドコントロールも不可能である。

でも、ゴムだと、スライドを感じながらグリップ力を生かすことができる。こうした好都合な性質は、粘着摩擦とヒステリシス摩擦のメカニズムを考えれば明らかというものだ。

粘着摩擦は、接地面でゴムが引き伸ばされることによって生じる路面に吸い着く力だから、少々は滑ることでゴムの運動が促進され粘着摩擦力は大きくなる。だからといって、滑り過ぎてもゴムと路面の分子が引き合おうとするのが阻害され、摩擦力は小さくなる。

一方、ヒステリシス摩擦も、ゴムが振動することで生じるのだから、少々は滑っていたほうが大きくなる。もちろん、あまり滑り過ぎても、滑るだけで振動させられないから小さくなってしまう。

この関係を、スリップ率とグリップ力のグラフに表してみると分かりやすい。スリップ率というのは、タイヤのすべり速度(タイヤの周速度と実際のバイクの車速の差)を、加速時ならタイヤの周速度で、減速時なら実際の速度で割った値。完全にグリップしていてすべり速度が0ならスリップ率は0だが、加速時に完全にホイールスピンしたり、減速時に完全にホイールロックしてしまったなら、スリップ率は100%となるわけだ。

グリップ力は、完全にグリップしているよりも、スリップ率が20～30%のときのほうが大きく最大となる。それよりも滑りがひどくてもグリップ力は低下するが、スリップ率の変化に対して、急激にグリップ力が低下することはないのだ。

こうしたグリップ発生のメカニズムのおかげで、グリップのピークを越しても、いきなり完全にタイヤがスピンあるいはロックといったことはないばかりか、滑りを察知した瞬間は最大摩擦力を得ているということすらあるのだ。

次に挙げる有り難い性質は、荷重との関係だ。

中学校の理科の話になるが、机の上に木片を置いて手で押す場合、その木片が直方体だとしたら、面積の大きい面を下にしても小さい面を下にしても、押すのに要する力は同じである。固体同士の摩擦では、見掛けの接触面積に関わらず、摩擦力は一定なのである。これがクーロンの法則である。

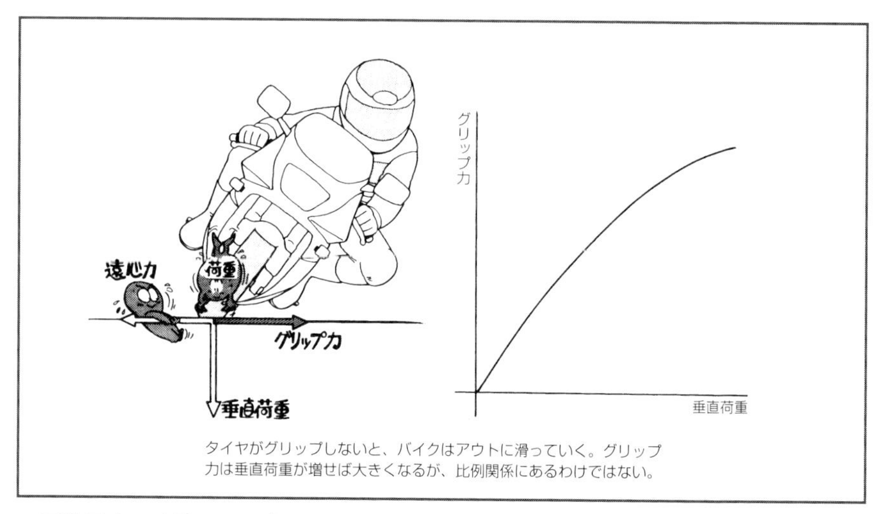

タイヤがグリップしないと、バイクはアウトに滑っていく。グリップ力は垂直荷重が増せば大きくなるが、比例関係にあるわけではない。

固体同士の摩擦では、表面の細かい凹凸が噛み合って摩擦力を発揮していて、その凹凸の噛み合いは掛かる荷重に比例して深くなる。だから、摩擦力は掛かる荷重に比例して大きくなる。だが、見掛けの接触面積を大きくしてやっても、単位面積当たりの荷重は小さくなり、そのぶん噛み合い深さは浅くなって、結局、摩擦力も同じだけしか発揮できないのだ。

こうした性質がタイヤにあったとしたら、それは困ったものである。荷重に比例してグリップ力が増すといっても、ライダーが掛ける荷重はある程度以上に大きくすることは出来ないのだから、そこで限界がきてしまうし、その限界も把握しにくくなるものと思われる。また、それでは、タイヤはサイズを大きくしてもグリップ力は変わらないのだから、マシンセッティングの可能性も低くなってしまう。

でも、幸いにしてそうはならない。ゴムの場合は摩擦の性質が違っているのだ。ゴムは柔らかく、弾性を持っている。路面の凹凸にゴムが入り込み、実際に接触している部分は明らかに固体の場合より大きいのだが、残念ながら、それが荷重に比例するほどには大きくなっていかない。荷重に比例するほどにグリップ力が大きくならない代わりに、見掛けの接触面積を大きくすれば、単位面積当たりの荷重を小さくできるので、実際の接触部分を大きくできる。つまり、グリップ力を高めることができるというわけだ。

このことは、ライディング面でグリップ限界の掴みやすさにも生かされている。バイクはコーナーでリヤにお尻から荷重し、トラクションを掛けながらライディングするものである。リヤに荷重することでトラクションを掛けることができ、そのことによる加速Gでリヤに荷重できることで、さらにトラクションを強くすることができる。そうすることで、バイクはリヤからどんどん回り込んでいくことができる。でも、徐々に掛けられるトラクションは頭打ちになり、限界が近づいていることを知ることができるのだから、タイヤのこうした性質はトラクションコントロールによるリヤステアをも可能にしていることになるのだ。

この性質があるおかげで、タイヤによるマシンセッティングも可能になっている。タイヤサイズやリム幅をアップして接地面積を大きくすることによって、グリップレベルをマシンのキャラクターやライディングにマッチングさせたり、前後のバランスを変えることによって、オーバーとかアンダーといったステア特性をセッティングすることもできるのだ。

ここで、グリップ力への過信に注意も与えておきたい。それは、いくらブレーキングや加速に対して十分にグリップ力を発揮しているからといって、それをバイクを傾けている状態で発揮できるわけではないということである。

なぜなら、タイヤのグリップ力というのは限られていて、その限度以上には発揮できないからである。コーナーでバイクが遠心力に持ちこたえるには、横方向のグリップ力が必要になるし、ブレーキ力を得るには縦方向のグリップ力が必要である。グリップ力の合力の大きさが限られていて、横方向にグリップ力を費やした分、縦方向に発揮できるグリップ力は小さくなるわけだ。

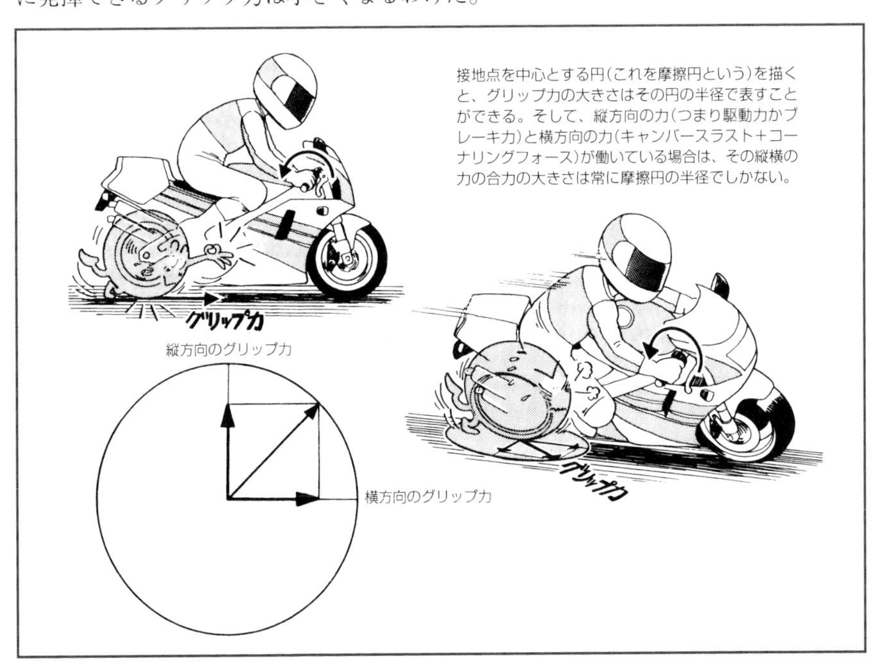

接地点を中心とする円（これを摩擦円という）を描くと、グリップ力の大きさはその円の半径で表すことができる。そして、縦方向の力（つまり駆動力かブレーキ力）と横方向の力（キャンバースラスト＋コーナリングフォース）が働いている場合は、その縦横の力の合力の大きさは常に摩擦円の半径でしかない。

これを円で表すと分かりやすい。これを摩擦円と呼んだりもするが、発揮できるグリップ力はその円の半径の大きさでしかなく、縦方向と横方向それぞれにおいて発揮できるのは、それらの方向に分解した分力の大きさでしかないのだ。

もし、コーナーを旋回するために横方向に100％のグリップ力を消費しているとき、ブレーキを掛けたなら、グリップ力は許容をオーバーしスリップダウンするし、グリップの限界までフルブレーキングしたまま寝かし始めると、やはりスリップダウン（これが俗にいう握りゴケってやつだ）してしまうのである。コーナリング中に障害物を発見して、フロントブレーキを掛けざるを得ない状況もあるが、その場合はバイクを起こしながらブレーキングすることが大切になる。

でも、こうした特性のおかげで、これから先で述べていくバイクのオーバーステア特性、リヤステア特性の延長線としてスロットルで向きを変えていくこともできるのだし、ブレーキターンもできるのである。

こうしたことに注目してみると、つくづくゴムが持つグリップ力の性質とは、ライディングにとって好都合なものだと思わずにはいられない。まあ、それが地上を走る乗り物が黒いゴムの輪を履いて今日まで発展してきた理由の一つでもあるということなのだろう。

2-2.タイヤのグリップとコンパウンド

■グリップ特性とコンパウンドの話

二つの違ったブランドのタイヤがあるとする。それらはともにスーパースポーツ用として定評を得ており、サイズも同じ、溝の多さや深さも同程度であったとする。ところが、二つのブランドを乗り比べてみたとき、グリップ感覚の違いに驚かれた経験はないだろうか。喰い付いたり滑ったりする性質が異質であることがあるのだ。

タイヤには、最初の寝かし始めのときから路面にへばり着くような接地感があるものもある。でも、そんな場合、調子に乗ってアクセルを開け過ぎると、ズバッと大きく滑ってしまうことがある。逆に、それほど接地感がなく、すぐに滑り出してしまって不安感もあるのに、いざ滑り始めてもその挙動は穏やかで、結局スムーズで速く走れてしまうものだってある。

また、ドライ路面でのグリップは高いのに、濡れているところを通過すると急激に滑り、ウェットパッチ恐怖症になってしまうものがある。一方で、比較的グリップ変化が少ないものもある。

もちろん、近年、タイヤやメーカー間の格差は小さくなっているとはいえ、こうした違いが持ち味として個々のタイヤの特徴になっていることも事実である。そうした滑り味がコンパウンドによって変わってくる(くどいようだがコンパウンドだけで決まるというものではない)のだが、それはどのような要素で決まってくるのだろうか。ここではそのことについて考えてみるとしよう。

すでにお話ししてきたように、オンロードでのグリップ力は粘着摩擦とヒステリシス摩擦によって得られている。これら二つのグリップ力には、これもお話ししたように、全く滑らないよりも適度の滑りがあるところで最大になるという性質がある。ところが、二つのグリップ力が同じ滑り速度のところで最大になるのかというと、決してそうではない。

実は、粘着摩擦力が最大になるときよりも速い滑り速度において、ヒステリシス摩擦力は最大になる傾向があるのだ。ヒステリシス摩擦力は、滑ることによってゴムに変形が生じ、発生するからである。

そのため、グリップ力としては同じレベルであっても、二つのグリップ力のどちらの依存度が高いかによって、グリップの特性が違ってくる。つまり、滑り速度の比較的低いところで最大となる粘着摩擦力を大きくすることで、接地感と初期のグリップレベルを高くすることができるし、もう一つのヒステリシス摩擦力を大きくすること

摩擦力＝ヒステリシス摩擦力＋粘着摩擦力

固体同士の摩擦では摩擦力は垂直荷重に比例して大きくなる。表面の凹凸の噛み合い部分が大きくなるからだ。しかしゴムの摩擦はこれと全くメカニズムが異なり、ゴムの摩擦力は、ゴムと路面との分子の間で生じる引き合い力である粘着力と、ゴムの変形によるヒステリシスロスによって生まれる。したがって、路面との間に適度の滑りがあったほうが摩擦力は大きくなる。

タイヤのグリップ力は、ヒステリシスロスと粘着力によって得られている。これらふたつのグリップ力は、適度の滑りがあるところで最大となるが、グラフで示すように、ヒステリシスロスは滑り速度の速い領域で最大となり、一方の粘着力は低い速度域で大きくなる性質がある。そのためふたつのグリップ力のバランスが、グリップ感覚と滑り味といったものを左右することになる。粘着力が大きければ初期のベタッとした接地感を得やすく、ヒステリシスロスが大きければ滑り出してからのコントロール性は良好となる。ヒステリシスロスはウェットグリップにとってもウエイトが大きい。

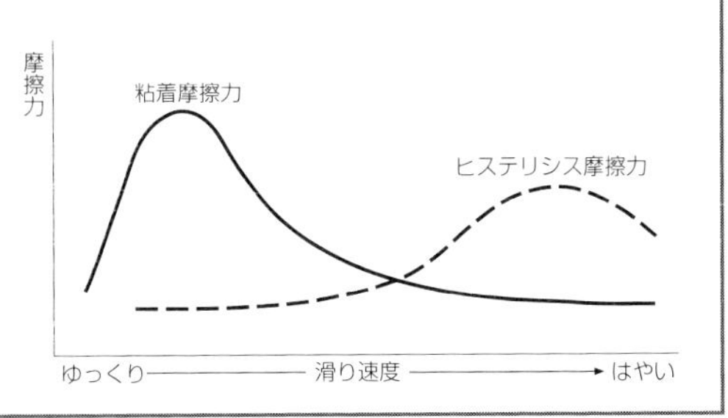

によって、グリップレベルが低く滑り出しが早くても、そこからの滑り方が穏やかでコントロールしやすい特性を生み出すことができるわけだ。
ウェット時のグリップにも、コンパウンドの影響は大きい。粘着摩擦力はゴムの分子が路面との間で引き合うことで得られている。だから、路面が濡れていると両者の間に水が介在することになり、直接接触することができず、粘着摩擦力は小さくなってしまう傾向が強いことになる。そのため、粘着摩擦の依存度が高いコンパウンドは、途端にスリッピーになりやすいと言える。
したがって、レインタイヤと呼ばれるものは、ヒステリシス摩擦の依存度が高いコンパウンドが使われる。ロードレースでは、スリックタイヤに溝を彫ってセミウェット用のインターミディエイトタイヤを仕立てることも多いのだが、その場合、ベースのスリックが粘着摩擦の依存度の高いものだと、それには向かないわけだ。
ここまで読まれた方は、バイクのタイヤにとってはどちらのグリップ力が大切になるか分かってもらえると思う。バイクにとっては、ヒステリシス摩擦がより重要なファクターになってくるというわけである。
粘着摩擦によってベタッとした接地感を高めても、路面に喰い付き過ぎてハンドリングが粘ったり、ハンドリングの自由度が損なわれたりすることがある。もちろん、バイクにとっていきなり滑ることは望ましくなく、例えヒステリシス摩擦のおかげでスライドコントロールしやすくなったといっても、粘着摩擦がなければ接地感も得られにくいことも事実である。両者のバランスが一つには喰い付き感とか滑り味といったものに大きく影響してくるわけだ。
ところで、低燃費タイヤなるものが話題になり、1990年代にはそれを装着したニューモデルが登場したこともある。こうしたタイヤのコンパウンドは、転がり抵抗を小さくするためヒステリシスが小さい傾向がある。こういうタイヤは、どうも接地感が掴みづらい上に、滑り出し後のコントロールやウェットグリップに難があるきらいが見られ、私はこれに対してあまり信頼を寄せていなかった。そこまでして燃費を良くしたいなら、タイヤを細くしたほうが有利ではないかと思ったものである。

■コンパウンドの柔らかさと温度の話

話を進めてきたタイヤのグリップ力というものは、頭の中でイメージして認識するしかなく、今一歩ピンと来ない人もおられるのではないだろうか。そこでここでは、コンパウンドそのものに立ち入ってみたい。そのことでグリップというものへの理解を深めてもらえたらと思う。
タイヤのトレッドを指の爪で押し、その感触から「こいつは柔らかくてグリップがよさそうだ」などと言っている人をよく見かける。確かにそれもあながち間違ってはいない。寒くてゴムが硬くなっていれば、そのことからグリップが低くなっていることも十分に推測できるのだ。

実際コンパウンドが柔らかいと、路面の凹凸に喰い込み、引き伸ばされやすいので、粘着摩擦力が大きくなる。例によって接地面を自分の靴の底に例えたとき、底ゴムが柔らかければ喰い付いて滑りにくくなることは容易に想像できるというものだ。また、柔らかければ変形しやすく、そのことはヒステリシスロスの大きさにもつながる。

ただし、大切なことは、必ずしも柔らかければヒステリシスロスが大きくなり、それによる摩擦力も大きくなるというものではないということだ。

地面や壁にぶつけると、ものの見事に跳ね返って戻ってくるゴムの固まりでできたボールのオモチャがあったことは覚えているだろうか。確かスーパーボールとか言ったかと思う。この現象からスーパーボールに使われるゴムの物性を考えてみると、衝突のエネルギーを吸収しないのだから、ヒステリシスロスが極端に小さいということになる。

また、これとは逆に、最近のライディングスーツに使われるパッド材には、衝撃吸収性を高める新素材が使われているものが多い。このパッド材を床において、ゴルフボールをぶつけたとき、ほとんどボールが弾まず跳ね返らない。パッド材に粘性を持たせ、エネルギーを吸収させているのだ。これはヒステリシスロスが大きいということだ。

さて、ここでゴムの性質によっては、柔らかくてもそのまま跳ね返ってくるものがあれば、硬くても弾まないものもある。前者は柔らかくてヒステリシスロスが小さく、後者は硬くてヒステリシスロスは大きいということだ。

こうした実例が示すように、コンパウンドの柔らかさはヒステリシス摩擦の大きさと、必ずしも一致するものではない。コンパウンドが柔らかくても、必ずしもグリッ

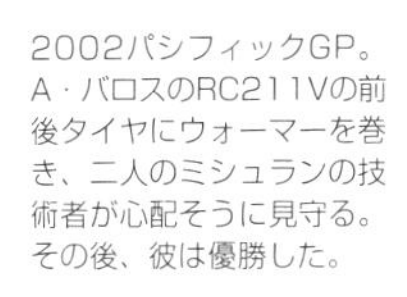
2002パシフィックGP。A・バロスのRC211Vの前後タイヤにウォーマーを巻き、二人のミシュランの技術者が心配そうに見守る。その後、彼は優勝した。

プがよくコントローラブルであるということにはならないのだ。

その違いは、コンパウンドに触ることだけでも、ある程度は判断できる。まず指の爪をコンパウンドに押し当てて、押し当てた力に対してどれだけの深さに喰い込んだかで、ゴムの硬度を知ることができる。それはゴムの柔らかさを意味しているのだ。

そのとき同時に指先に集中して感じ取りたいのは、同じ力で爪を押し当てたときの喰い込み方だ。爪がゴムの中にスッとではなくジワ～ッと入り、爪を引き抜いたときそれがまたジワ～ッと戻ってくるのであれば、ヒステリシスロスが大きいということになるのだ。

まあ、指の感触と実際のグリップとの関係は厳密には目安にしかならないものの、このようにトレッドコンパウンドは何でもないただのゴムのようでも、じつに奥が深くて掴みどころのない黒いシロモノ？　なのである。

ここで、重要になってくるのが、タイヤがグリップ力を発揮するための重要な条件である温度である。

コンパウンドが路面との間でグリップ力を発揮するのは、ゴムが粘弾性体であるからである。ゴムがそうした性質を示すのは、ゴムに分子間運動があるからだ。そのため、ある程度タイヤは温度が高くならないと、分子間運動も活発にならず、グリップ力を発揮できないという宿命がある。寒いときにコンパウンドを爪で押すと硬くなっていることがあるが、そうした状況では要注意なのだ。

そして、高グリップなタイヤほど、それを発揮できる温度域は狭くなる。そのため、レースではタイヤをウォーマーで暖めるし、程度の差こそあれ、ストリートタイヤでもウォーミングアップは必要だ。一般的に言って、コンパウンドの設定温度域は数十度から100度くらいまでの間にあると考えて間違いない。

つまり、手で触って心地良く暖かくなっているタイヤが、走りにとっていい状態にあるといえるだろう。

私自身、寒い冬のバイクのテストは、そうした意味で非常に気を使わされるもの

レース前にタイヤウォーマーでタイヤを暖めることによって、ゴムの分子間運動を盛んにし、最初から適当な粘弾性を発揮させることができる。

だ。雑誌のテストのために、レース用のハイグリップタイヤを履いたバイクを寒い冬のワインディングロードに持ち込み、クラッチミートしたとたん、リヤがホイールスピンして転倒なんて場面も目撃したことがあるほどだ。

ツーリングに出かけランチ休憩後、出発してすぐに転倒なんて話もよく聞く。トレッドにパターンが刻まれていてもプロダクションレース用タイヤは、ハイグリップな反面、温度依存性の高いコンパウンドを使用しているため、一般走行には危険なのである。もっとも、昨今は冷間グリップも改善され、以前のようなことはないが。

こうしたゴムの物性に対処するために、最近ではゴムの補強材のカーボンブラックに代えて、部分的にあるいは100%シリカを採用したものが、今ではほとんどとなっている。このシリカは、いわゆる砂のようなもので、ゴムの分子の結合状態を改善する効果を持っている。低温時はしなやかで、高温時には高強度を発揮するため、低温グリップ、ウェットグリップを向上させるだけでなく、耐摩耗性にも優れる。

タイヤにとって、コンパウンドの摩耗も大きな問題である。摩耗はタイヤの寿命にそのまま影響するし、摩耗によって特性の低下も生じる。特に最近のフロントラジアルが摩耗したときのハンドリング特性の劣化は、私の経験からいって、細いバイアス時代よりも顕著である。トレッド部がベルトで固められ、プロファイルの変化がその

シリカコンパウンド

ソフトなコンパウンドは、低温時やウェット時にもハイグリップを発揮しやすいが、耐摩耗性には劣る。そこでシリカ配合により、ゴムを強化させ、グリップ力と耐摩耗性を両立させようというのが、シリカコンパウンドだ。シリカの大きい分子がゴム分子の結合を強めるのだ。ダンロップはシリカと超微粒子カーボンを配合、ミシュランはパイロットスポーツに100%シリカのフルシリカコンパウンドを採用するなど、メーカーによる違いはあるが、狙いは同じだ。ただレーシングタイヤは絶対グリップ力を求めて、従来通りのカーボンブラックを用いている。

ブリヂストンBT012SS用シリカリッチコンパウンドの分子構造イメージ図

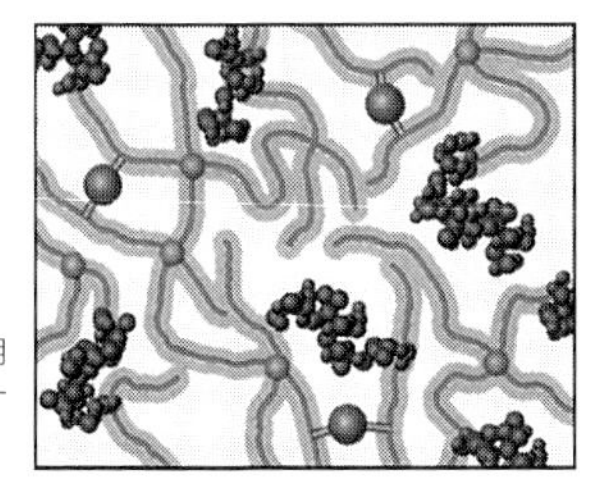

ダンロップD220ST用シリカ＋超微粒子カーボン配合コンパウンド

ハイグリップポリマー
ドライ・ウェットグリップ向上

硫黄
耐摩耗性向上

超微粒子カーボン
ドライグリップ・耐摩耗性向上

シリカ
ウェットグリップ向上

まま寝かし込みやステアリングの内向性に影響してしまうようだ。

一般に粘着摩擦の大きい柔らかいゴムは摩耗が早く、ヒステリシス摩擦の大きいゴムは、ヒステリシスロスが熱に変わっているのだから、発熱が大きいといえる。その発熱が結果的にグリップ力の低下と摩耗を招く面もあり、いろんな要素が複雑に絡み合ってくるわけである。

■ウェット路面のグリップ

いまさら自慢するわけではないが、私は昔レースをやっていたとき雨が大の得意であった。特に1982年の大雨の鈴鹿8耐では、最終的にはマシントラブルで4位まで後退したものの、最初の1時間はトップを快走したものだ。当時、まだシケインのなかった得意の最終コーナーを駆け降りてくるときなんか、日本人がトップを走っていることに歓喜し、応援してくれる大観衆の目が自分に注がれているのが伝わり、その情景は今も感激として胸に残っている。

その頃、私には無意識に行っていた雨の攻略法というものがあった。その攻略法とは、私が得意とする高速コーナーを徹底的に攻め込むことから始めるというものだ。それが鈴鹿ではシケインのなかった最終コーナー、SUGOの旧コースでは馬の背の4コーナーであり、そのコースを代表するレイアウトを持つコーナーでもあった。コーナーへはリヤへ荷重しスロットルを当てながら進入、とにかくそのコーナーに集中して、徐々に進入速度を上げていくのだ。

すると、リヤにニュルニュルと滑り始める感触が伝わり始める。そこからスロットルを開けていくと、リヤが尾ひれを振るように小刻みにスライドを繰り返すようになる。高速コーナーだから少々滑っても挙動変化はわずかなもので安全である。そこで、そのニュルニュルとくるポイントでのコーナリングGを身体に覚え込ませ、その

イタリアのアドリアサーキットの豪雨の中をピレリ・ドラゴン・レインを履いて走る筆者。雨の中でリラックスしてリヤの挙動を感じ取ることが大切になる。

Gをそのときのスタンダードレベルにしてしまうのだ。そして、そのGのレベルまで他のコーナーに突っ込んでいくのである。

そうすれば、低中速コーナーにおいてそのGで大きくスライドしてしまうことはない。むしろグリップ的には余裕がある。それがどうしてなのかは、後で述べるとして、低速コーナーほど横Gでスライドしたときの修正は困難だから、それでうまい具合に余裕ができるのである。その状態で向きを変え、その余裕を脱出加速に回せば、同じようにリヤを限界まで攻め立てることができる。低速コーナーほど下のギヤを使うため後輪トルクも大きくなり、それでうまくバランスが保てるのだ。

ライディングでは自信を持つことが大切である。コーナーに入ってスリップするのではとビクビクしていては、身体が硬くなっていいライディングはできない。逆に限界が分からずゆっくりコーナーに入り過ぎても、焦りにつながる。そうした意味でも、この攻略法は自分の走りを確かなものにするためのプロセスだったようだ。

ここでのテーマは、ウェットグリップの性格についてである。ウェット状態ではコンパウンドと路面との間に水が介在するので、粘着摩擦は得られにくく、ヒステリシス摩擦のウェイトが大きくなってくるということはお話しした通りである。もちろん、水膜が除かれた部分では粘着摩擦は得られるし、ヒステリシス摩擦にしても完全にタイヤが水から浮き上がってしまっては、もはや発生できない。

ここでも、ランニングシューズのように、タイヤ周上の一点に注目してもらおう。回転する接地面、つまり靴のかかと側が徐々に路面に近づいていく瞬間、路面との間には水膜がある。そのため、すぐには路面と直接接することができず、ドライなら路面と接しているはずのポイントにきても、まだ水膜で路面から浮いた状態にある。その一点が路面としっかり接触できるようになるのは、靴底の土踏まずから爪先部分に

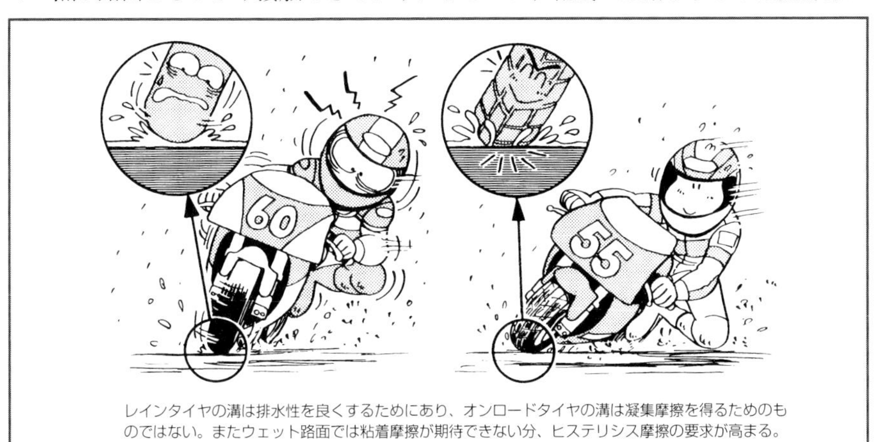

レインタイヤの溝は排水性を良くするためにあり、オンロードタイヤの溝は凝集摩擦を得るためのものではない。またウェット路面では粘着摩擦が期待できない分、ヒステリシス摩擦の要求が高まる。

なってしまうのだ。
つまり、いかに早く水膜を切って路面と接触させてやるかが、ウェット状態でグリップを得るために大切になるのだ。そのために必要になるのが、トレッド面の溝である。そして雨がひどく、水膜が厚いほど、溝が深く多いものがグリップ確保には優れていることになる。もちろん、雨が少ないとき溝が深く多すぎるとブロックが潰れて滑ったり、そのことでさらに溝も潰されてかえってグリップが悪くなるので、溝は適当でないといけないのである。
また、レースで使うレインタイヤなどでは、溝が斜めに切られているものが多く見られる。それも、溝は接地面の外側前方に向かって切られている。タイヤが路面に接地するに従い、溝部に入った水は外側に押しやられるから、接地面における水を外側へ排除するためには、そのほうが好都合なのだ。
オンロードタイヤにおいて、トレッドの溝はドライ時のグリップには貢献していないが、ウェットグリップへの影響は大きく、ストリートタイヤも摩耗が進んできたとき、ドライ状態で走っている分にはグリップの低下がなくても、雨が降っていると非常に危険になるというわけだ。

■ウェットグリップとグリップ感覚

前項では高速コーナーから攻め始めるという私の雨のサーキット攻略法に触れながらも、なぜそうするのか、その理由には触れずじまいであった。まずはそこから考えていくとしよう。
それは、接地面での水切り状態が速度によって変わってくるというところにキーポイントがある。接地面の前半で水切りをし、接地していく後半部分で接触するというわけだが、高速になるほど水切り時間が短くなるため、接触部分が小さくなってウェットグリップが低下するきらいがあるのだ。
仮にタイヤの接地面の前後長が11cmだとしよう。すると、ある一点が接地し始め(厳密に言えば、ウェットでは水膜で浮いていて完全に接地しているわけではないのだが)路面から離れるまでの時間は、車速60km/hにおいては150分の1秒だが、120km/hでは300分の1秒という計算になる。水の溜まっているところに手のひらを押し付けて底に触れるには、水の粘性に打ち勝つ力と時間が必要となる。それなのに、高速になるほど水切りのための時間が短くなっていくのだ。
凹みができて10cmほど雨の溜まった路面を想像してみてほしい。40km/hで走っても路面から浮いたようになってしまうとしよう。でも、歩くような速度だったら水切りができて、路面の状態が伝わってくることは想像に難くない。高速になるにつれ、接地している時間内に水切りができないようになり、完全に接触部分がなくなってコン

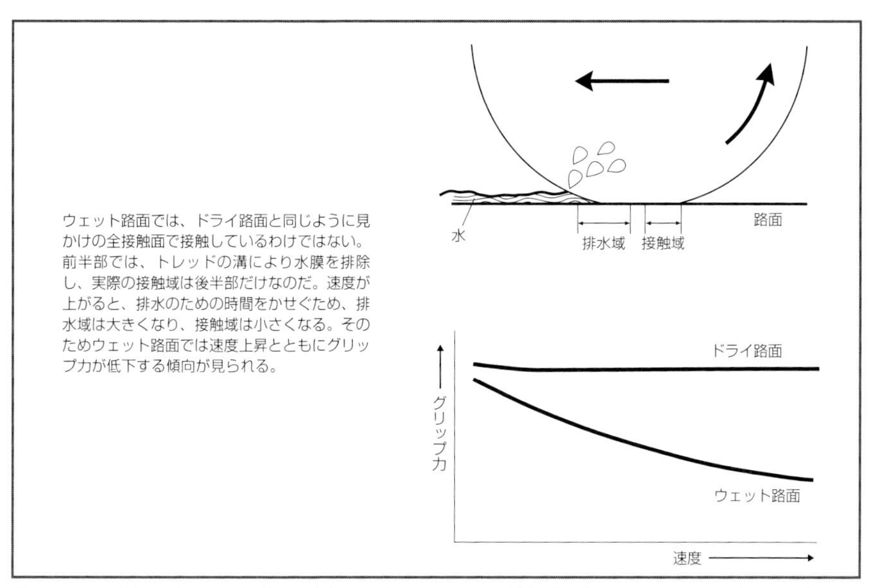

ウェット路面では、ドライ路面と同じように見かけの全接触面で接触しているわけではない。前半部では、トレッドの溝により水膜を排除し、実際の接触域は後半部だけなのだ。速度が上がると、排水のための時間をかせぐため、排水域は大きくなり、接触域は小さくなる。そのためウェット路面では速度上昇とともにグリップ力が低下する傾向が見られる。

トロール不能になることをハイドロプレーニング現象と呼んでいるが、それはすでに低速域から徐々に進行しているものなのだ。

そんなわけで、雨のサーキットでは最初に高速コーナーを攻め、そこでの限界点で低中速コーナーに展開していけばいいというわけである。低中速コーナーで、ここまで大丈夫と踏んで高速コーナーに突っ込んでいくとエライ目に合いかねないのだ。特に雨のひどいときはその傾向が顕著である。それで、高速コーナーでビビってしまい、低速コーナーで不必要に慎重になっては元も子もない。

まあ今だから言えるのだけれど、かく言う私も、鈴鹿の最終コーナーにシケインができたり、SUGOもコースが変わって旧4コーナーがなくなったことで、無意識に攻略していたコーナーを失い、雨の走りがおかしくなってしまったものである。

水切りをより完璧に行なうためには、トレッド溝は深くて多いほうが有利である。摩耗したタイヤであっても、低速で路面の水膜も薄いときは問題なくても、高速でどしゃ降りになると危険度は増すのだから、気を付けてもらいたい。

ちなみに、雨のレースでは車重の重いマシンのほうが圧倒的に速いことがある。車重が重くてコンパウンドが暖まりやすいことに加え、重い車重は水切りに有利だからである。

さて、雨天走行であっても、余裕を持って普通に走っている分には、ドライの時と同じ感覚でバイクを走らせることができるものである。手応えが希薄なわけでも、常に滑りを感じているわけでもない。ウェットの舗装路では、滑り始めるまでのグリップ感覚

本来、ウェットでもドライでも、ハンドルグリップの手応えは同じでないといけない。

はドライ時と同じなのである。

というのも、タイヤがグリップすると、タイヤはそれに耐えながらたわむ。グリップ感覚というのは、そのたわみからも感じ取れる。もしタイヤが剛体だったら、いくらトレッドでグリップしてもスリップしやすく、グリップ感覚も伝わらないところである。バイクがサスの動きで荷重が掛かったことを感じ、荷重をコントロールしてタイヤに伝えてくれるおかげでグリップさせやすいのと同じように、タイヤ全体がトレッドにとってはサスペンションの役割をしてくれている。

ここで、いくらウェットでグリップ力が小さくなるといっても、通常走行に必要なグリップ力は発揮されている。そしてタイヤは抵抗力を発揮し、そのグリップ力に応じた分だけたわんでくれる。そのため滑り始めるまでは、同じような感覚が伝わってくるというわけである。それはいいことであるが、一方でウェットコンディションでマシンをコントロールする難しさになっているのかもしれない。

オフロードになると、最初から砂の上に浮いているようなもので、グリップ力は明らかに低く、滑りからもグリップ感覚を感じ取ることになり、その感覚は異なる。そ

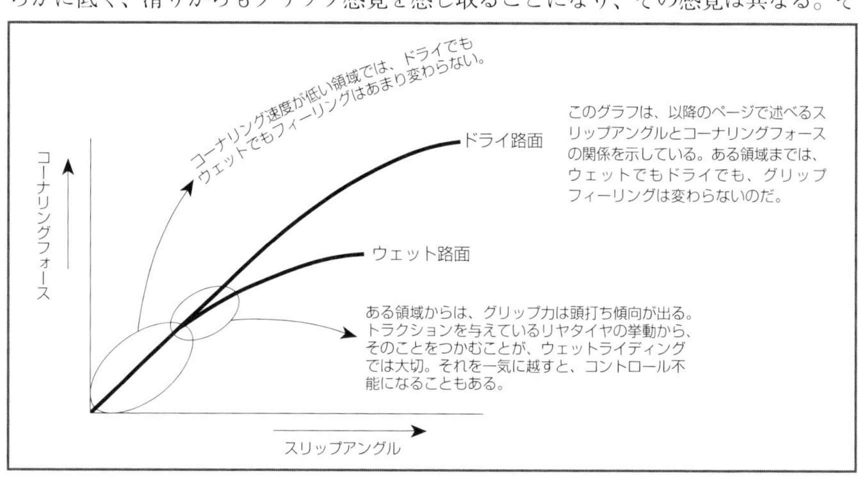

れでも、オフロードタイヤのブロックが路面に噛み込んで得られる凝集摩擦によって、滑りながらもしぶとく路面を掴んでくれるのだ。

そのため、オフロードでは大カウンターステア状態も可能なのに、ウェット舗装路ではスリッピーなことは同じでも、そのような芸当はとてもできない。ダートトラック出身のロードレースライダーで雨が意外と苦手な人がいたりすることも、グリップ感覚の違いからすると納得させられることである。

ところで、現役時代雨が好きだった私も、今は大嫌いである。ドライ時だったら私より遅い人に抜かれることもしょっちゅうである。バイクのインプレッションをレポートする場合も、雨ではいいテストにならないし、写真も美しくない。レザースーツは濡れるし、気も使う。何より雨の中を速く走るモチベーションもないわけで、ライディングにはいかにメンタル的な要素が大きいか、改めて思い知らされている。

第3章タイヤの力学・コーナリングとの関係

3-1.キャンバースラストとコーナリングフォース

■タイヤが曲がる力1・キャンバースラスト

ここまでグリップというものを考えてきたが、そこで述べてきた「グリップ感覚というのは、タイヤがトレッドでグリップしたとき、タイヤ全体はそれに持ち堪えるかのようにたわみ、その抵抗力によっても感じるものである」ということを今一度思い起こしてもらいたい。

もっとも分かりやすい例として、フルブレーキングのときフロントタイヤのグリップを感じ取る場合を考えてみよう。当然滑ったかどうかの限界は、身体の力を抜いて、筋肉の受ける感覚と挙動から判断するのだが、どれだけタイヤがグリップしてブレーキ力を発揮しているかは、タイヤが減速Gで潰れた感じから把握することができる。

もちろん、バイクのフロントフォークもそういう働きをしている。減速Gの掛かったことをフォークの沈み込み具合から感じ取ることができるし、もしフォークがリジッドだったら、そのGを吸収することなく、いきなりタイヤに伝えてしまうので、フロントをスリップさせてしまうことになってしまう。

フロントフォークが車体とホイールを結ぶサスペンションの役割をしているのと同じように、ここではタイヤのサイドウォールがトレッド部とホイールを結ぶサスペンションでもあるのだ。

そもそも、タイヤが空気入りのゴム製品として生まれたのは、衝撃を吸収するためである。それがサスペンションの緩衝機能でもあるわけだが、ここで大切なのはそれだけで終わらなかったことである。乗り物の性能向上とともに、タイヤには別の緩衝機能が注目されるようになってきたのだ。それは、横Gに対する働きである。

バイクに付いているサスペンションは、下向きの重力や前後方向の荷重移動に対して反応してくれるが、タイヤのサスペンション機能は、これらに加えて横方向の荷重に対しても仕事をしてくれるのである。

バイクが曲がり、生じる横Gに対してタイヤがグリップすると、タイヤはたわみ、抵抗力を発揮する。そのたわみがバイクの基本的なコーナリング特性を支配し、その抵抗力からライダーは必要なインフォメーションを得ることができるのだ。

そんなわけで、ライディングやバイクのコーナリング特性を考えていこうとすると、こうしたタイヤの力学を避けて通ることはできない。タイヤに注目しながらコーナリングを考えていくことが、ここからのテーマとなるが、難しく力学とは考えないで、自分が普段感じているイメージの世界と結び付けて読んで頂きたい。

まず、タイヤはなぜ曲がっていくのかを考えてみよう。バイクが曲がり始めると、バイクにはそのまま真っすぐ行こうとする慣性力、すなわち外向きの遠心力が生じる。当然、タイヤは、その遠心力に対抗するだけのグリップ力を発揮する必要がある。でないと、いきなりスリップダウンするし、曲がっていくこともできない。

でも、そのときタイヤは、ただやみくもにグリップ力を発揮しているわけではない。しっかりとしたセオリーに従ってグリップ力を発揮しているのだ。バイクが曲がるためには、遠心力によってバイクが外側に倒れないよう、遠心力と重力がバランスするように傾ける必要があり、バンクさせないといけない。すると、バンクさせることで、タイヤには曲がっていこうとする性質が生まれる。ホイールをバイクから取り外し転がしてやると、ホイールは傾いた方向に曲がっていこうとすることを考えれば

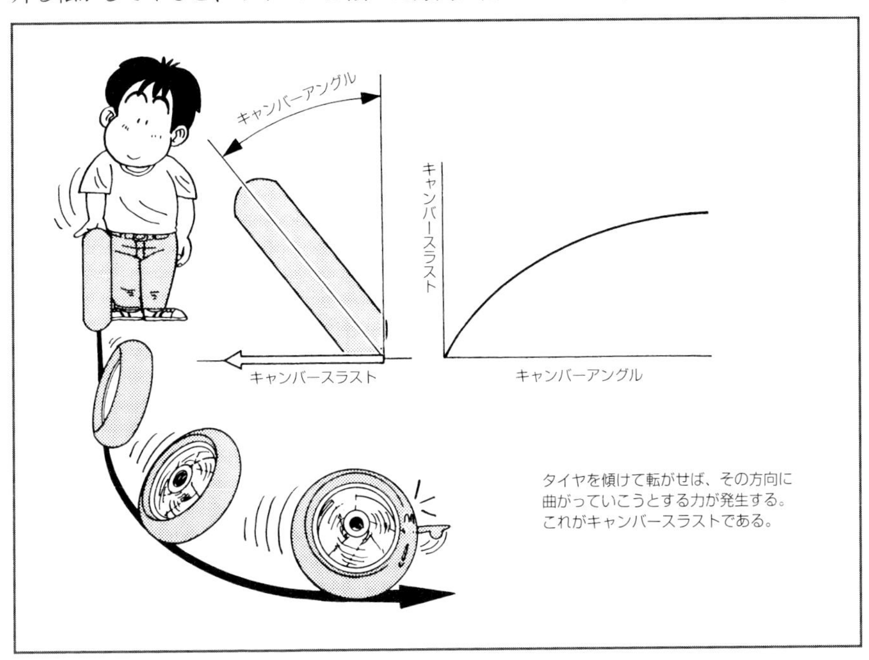

タイヤを傾けて転がせば、その方向に
曲がっていこうとする力が発生する。
これがキャンバースラストである。

分かりやすいと思う。

タイヤのプロファイル(トレッドの断面形状)は、中央が膨らんだラウンドな形状をしている。そのため傾けると、接地面のアウト側の周長は長く、イン側では短くなる。円錐形のコロを転がすと頂点側の方向へ曲がるのと同じで、タイヤは傾いた方向に曲がっていくのだ。そのことに対し、タイヤはグリップし、タイヤのケーシングはそれに持ち堪えてくれることになる。

ここで、タイヤの傾いた角度をキャンバーアングルという。四輪車ではタイヤを垂直ではなく傾けてセットすることをキャンバーを付けるなどといっているが、言葉の意味としてはそれと同じである。

そして、キャンバーアングルを付けることで生じる、その方向に曲がっていこうとする力のことをキャンバースラストと呼んでいるのだ。

キャンバースラストの大きさは、プロファイルやケーシングの剛性、グリップ力によって決まり、タイヤそれぞれの特性を持っている。基本的にそれは、キャンバーアングルに応じて大きくなっていくのだが、キャンバーアングルの小さい範囲であればアングルに比例してキャンバースラストが大きくなっていっても、そのうち頭打ちとなる傾向がある。一般的にバイクのフルバンクは50度ぐらいが限界だが、とてもそのキャンバーアングルまで比例関係を保つことはできないのだ。

にも関わらず、バイクが曲がることで生じる遠心力は、バンク角に対し二次的に大きくなり、特に中間バンク角から急激に立ち上がっていく傾向を見せる。そのため遠心力に対抗してタイヤが発生すべき曲がる力は、キャンバースラストだけでは不足してしまう。タイヤにはキャンバースラストのほかにも、もう一つ曲がるための力が必要になってくるわけだ。

■タイヤが曲がる力2・コーナリングフォース

バイクが曲がると、そのまま直進しようとする慣性力である遠心力が生じる。タイヤが外向きに働く遠心力に対抗してグリップし、それに持ち堪えてくれないと、真っすぐアウト側に滑っていくか、そこまでひどくなくても腰砕けになって旋回を続けられない。バイクはタイヤが曲がる力を発揮してくれるおかげでコーナリングできる。

前項で、その曲がる力であるタイヤを傾けることで得られるキャンバースラストについてお話しした。バイクでコーナリングするためにはバイクを傾けなくてはならないが、それに応じてタイヤが曲がる力を発生してくれるのだから、これはイメージ的にも捉えやすいはずである。

ところが、遠心力はバンクアングルに対し漸増的に大きくなるので、発生してほしい曲がるための力は、次第に頭打ち傾向となるキャンバースラストだけでは、とても

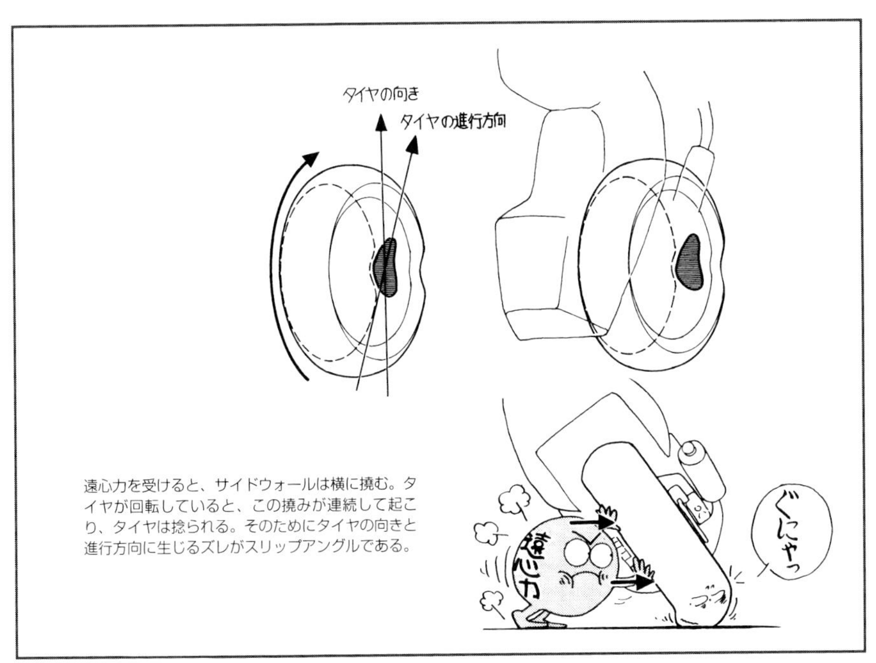

遠心力を受けると、サイドウォールは横に撓む。タイヤが回転していると、この撓みが連続して起こり、タイヤは捻られる。そのためにタイヤの向きと進行方向に生じるズレがスリップアングルである。

間に合わなくなってしまう。つまり、キャンバースラストのほかにも曲がるための力が必要なのだ。ここでは、そのことについて話を進めることにしよう。

バイクを寝かせるに従い、タイヤはグリップ力に耐えられなくなって、たわみ始める。トレッド部は路面とグリップしていても、遠心力でビード部はアウト側に押しやられようとして、サイドウォールが横にたわむ。

もし、タイヤが止まっているなら、サイドウォールは横にたわむだけである。でも、実際にはタイヤは回転している。横にたわんだものが回転しながら前進するので、タイヤの向きと実際の進行方向の間にはズレが生じる。これによって、サイドウォールはねじられるのである。つまり、このときタイヤは、サイドウォールのねじれ変形に対する抵抗力によって曲がる力を発生していると考えることができる。

ここで、タイヤの向きと実際の進行方向のズレ角をスリップアングルと呼んでいる。スリップアングルといっても、トレッドと路面の間でスリップが生じているわけではない。両者の関係は動かない状態にあっても、タイヤがねじれることで、あたかもスライド走行しているようなズレ角が生じているのである。そして、このスリップアングルによって生まれる旋回力のことをコーナリングフォースと呼んでいる。

では、このことをタイヤの接地面ならぬ靴の底に当てはめて考えてみるとしよう。ランニングで身体を傾けただけで曲がっていく感じなら、それはキャンバースラスト

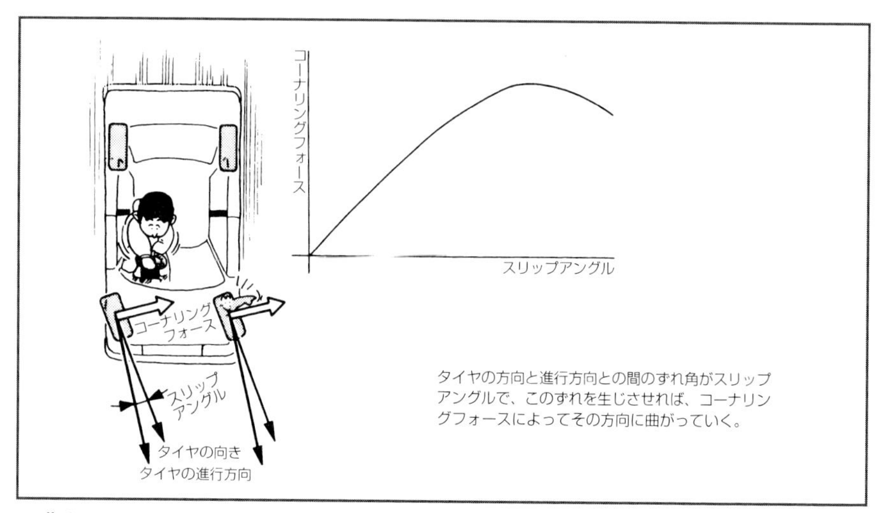

で曲がっているイメージである。でも、陸上トラックのコーナーで、足を後方だけでなくアウトに向かって蹴り出して走る感じとなっているなら、進む方向と足を蹴り出す向きにはズレが生じているのだから、これはコーナリングフォースが生まれているイメージで捉えることができようか。

さて、ここではトレッドがグリップした分、タイヤはねじられるのだから、スリップアングルに比例してコーナリングフォースは大きくなっていくことになる。でも、しっかり比例関係にあるのは、ドライ舗装路面で、スリップアングルが3～4度か、せいぜい数度以下のものである。そこから徐々に頭打ち傾向を見せ、コーナリングフォースはスリップアングルが10数度あたりでピークをむかえ、下降していく。

それは、接地面で生じるグリップ力には限界があり、コーナリングフォースが下降している状況では接地面で部分的に滑りが始まるとともに、タイヤのねじりが大きくなると接地状態が均一でなくなってくるからである(もちろん、ラジアルタイヤだとバイアスタイヤよりもトレッドが固められ接地状態を保ちやすいので、大きいスリップアングルに耐えて大きいコーナリングフォースを発揮できることになる)。

もし、グリップ力に対してタイヤが剛性不足で持ち堪えられなかったら、スリップアングルに応じたコーナリングフォースは得られず腰砕け感が出てくるし、剛性が高すぎても滑りだけが最初に始まり、いきなり滑って限界の掴みにくい感じになってしまう。グリップ力と剛性のマッチングによるコーナリングフォースの特性も、グリップ感覚を把握するために大切な要素となるわけだ。

このようにコーナリングフォースは、グリップ力とタイヤのねじれに対する抵抗力で決まってくるので、その両方に影響される。当然、タイヤサイズが幅広であれば大

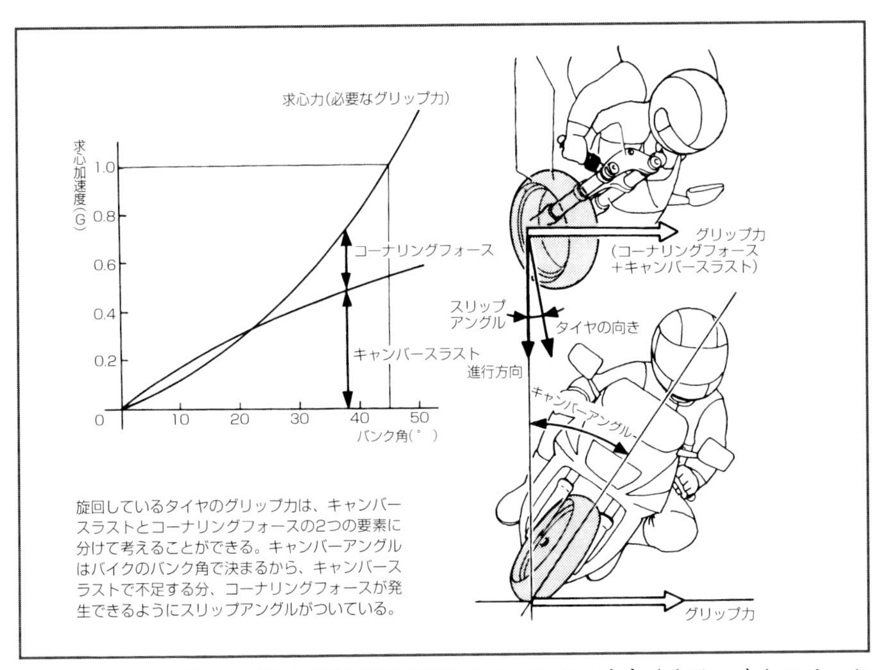

旋回しているタイヤのグリップ力は、キャンバースラストとコーナリングフォースの2つの要素に分けて考えることができる。キャンバーアングルはバイクのバンク角で決まるから、キャンバースラストで不足する分、コーナリングフォースが発生できるようにスリップアングルがついている。

きくなり、リム幅を広げると接地面積も剛性も上がるので大きくなる。またスリックタイヤでは、グリップが高いうえにトレッド部の剛性も高いので、コーナリングフォースは大きくなる。

空気圧を上げると、剛性が上がるので、コーナリングフォースのピークは大きくなるのだが、接地面積が小さくグリップが下がるので、相殺されて通常域ではあまり変わらない傾向がある。掛かる垂直荷重が大きいとコーナリングフォースは大きくなるが、荷重の増加ほど大きくなるわけではない。グリップ力にもそういう性質があるし、荷重が大きくてもタイヤが変に変形するからだ。

このコーナリングフォースと実際のライディングの世界を結び付けるために、ここでスラロームすることを考えてみてほしい。前輪に舵角が生じて左右に向きが変わり、そのときの手応えからグリップ感覚とかハンドリング感覚が伝わってくる。そこでステアリングが切れ、スリップアングルが生じたとする。そのときライダーに伝わってくるのは、スリップアングル発生に対するコーナリングフォースの立ち上がり方である。

そのことをグラフで考えてみると、スリップアングル0度からのコーナリングフォースの立ち上がり具合がポイントである。この傾きが急であればハンドリングはシャープに、緩やかであれば穏やかになる。フロントの扁平率が60%だと、70%のものよりねじれ変形への抵抗力が大きいのでシャープな傾向を見せる。当然、コーナリング中、この傾きが比例せず頭打ち傾向になると安心感は得られないことになる。
ただ私は個人的に60%扁平のフロントタイヤは好きではない。初期旋回でシャープで切り返しも軽いが、70%扁平のほうがサイドウォールのスパンが大きい分、路面からの情報量も豊かで、特にスリップアングルが大きく限界が近づいた領域での安心感が高いからである。
両者の折衝点を探ったのが65%扁平なのだが、これに関してピレリとメッツラーは、カーカス材を一般的なナイロンに代えて、広範囲にわたってしなやかな特性を示すペンテックという素材を採用した。70%扁平に匹敵するフレキシビリティを備えさせる工夫がなされているのだ。
コーナリングフォースの立ち上がりについてグラフのことに話を戻すが、すでに述べたように、ウェット時でも普通に走るだけならハンドリング感覚はドライ状態と変わらない。それをこのことから説明すると、スリップアングルの小さい範囲なら、タイヤをねじるだけのグリップ力が得られて、コーナリングフォースもドライ時と変わらず、0度からのグラフの傾きも変わらないということである。
ここで、もう一つ、キャンバースラストとコーナリングフォースというものを把握しやすい実例を挙げておこう。ラジアルタイヤを履いたスーパースポーツは、細いバイアスタイヤを履いた昔のバイクよりもはるかに高いコーナリングスピードを実現している。それはコーナリングフォースの大きさの違いでもあるのだ。
昔のバイクは寝かした分旋回していくものの、フルバンクが近づく(今のバイクにとっては中間バンク角に過ぎないのだが)につれ接地感が薄れるといった感覚で、限界も低いところにあった。バイアスタイヤでは、キャンバースラストは十分に大きいのだが、コーナリングフォースはさほど期待できないわけだ。
対して今のバイクだと、寝かし込み時に一瞬手応えのなさを感じることがあっても、すぐタイヤが潰れるような感覚とともにビターッとした接地感が伝わってくる。これは、バイアスほどのキャンバースラストは期待できなくても、タイヤが潰れることでスリップアングルがついて、安定したコーナリングフォースを発生してくれているということなのである。そしてそのことで、どんどんコーナリングスピードを上げていくことができる。
定常円旋回(一定速度で同一半径上を旋回するコーナリング)であれば、旋回速度はバンク角で決まってくるに過ぎない。でも、今のバイクは、バンク角増大以上にコーナリングスピードが高まっている。それは次に述べるコーナリングフォースを生かしたリヤステア効果が得られるからなのである。

3-2.リヤステアってなんだ

■リヤステア感覚について

バイクはリヤステアで曲がるものであるなどと聞かれたことがあると思う。でも困ったことに、このリヤステアという言葉が一人歩きしているようで、人によって捉え方が違うことが多いようなのだ。

初期旋回(一次旋回)で、ステップワークによってステアリングをコーナーに向かって切れ込ませる感覚のことをリヤステアと呼ぶ人もいる。ステップワークがあたかもリヤタイヤを切るような感覚になるからだろうが、それをリヤステアと呼ぶのは少々ナンセンスではないかと私は思う。リヤタイヤを操舵できるわけではないからだ。

私が専門誌の試乗記の中で、あえて「リヤステア感覚」と表現することがあるとしたら、それはトラクションを掛けてコーナリングしていく二次旋回における特性のことである。

本来、バイクはリヤに荷重し、トラクションを掛けてコーナリングしていくものである。そのタイミングは、シートに座り直すようにしてやることでリヤに荷重してから寝かし込んでいく場合もあれば、コーナーに突っ込んでフルバンクに達したときにそうなる場合もある。それはバイクの特性やコーナーによっても違ってくるが、いずれにして

バイクは後輪にトラクションを掛けてコーナリングすることで安定する。この状態では、スロットルワークと荷重の掛け方で、バイクの旋回状態をコントロールできる。オンロードの普通の走りでも、ダートでの大カウンターでもそれは同じで、ライダーは同じ感覚で乗っているに違いない。

も、このトラクション旋回というものをイメージしていただきたい。
　リヤに荷重しながらスロットルを開けると、わずかながらも加速状態になることでリヤに荷重が移動する。さらにリヤ回りには、チェーン張力が生じることで、リヤサスが沈み込もうとすることに持ち堪えてスイングアームが踏ん張ってくれるアンチスクワット効果が生じる。そして、そのことでもダイレクトにリヤに荷重が掛かるようになり、リヤのグリップ力は高まり、さらにトラクションを伝えることができる。
　相乗効果でどんどんリヤのグリップ力は高まり、スロットルを開けることができて、スピードも乗ってくる。うまくいけば、タイヤに掛かる荷重とトラクションで、リヤタイヤは悲鳴を上げんがばかりとなる。
　でも、うまくできたもので、ここでそのままアウトに膨らんでしまうわけではない。リヤタイヤには大きく荷重が掛かり、掛かる遠心力も大きくなる。するとタイヤは横にたわみ、スリップアングルが付いて軌跡を外側に移動することになる。そのことによって、バイクはグイグイ回り込んでいくのだ。まるでリヤの操舵効果によって曲がっていくようなので、リヤステアと呼んでいるのだ。その意味でリヤステアとは、リヤ荷重とかトラクション旋回という言葉と同義語であるべきものなのである。
　もちろん、荷重の掛け方が悪かったり、ステアリングをこじたりしてしまうと、フロントを押し出してしまったりと、理想的なリヤステア状態にはならないのだが、これがコントローラブルで絶妙の旋回フィーリングが造り込まれていると、「まさに絶妙のリヤステア感覚！」などと絶賛されることになるわけである。
　さて、このリヤステアだが、これがバイクにとって自然で当たり前の現象であることは、すでにお話ししたタイヤの科学を少しばかり応用すれば明らかにすることができる。
　タイヤが曲がっていくためには、タイヤにキャンバーアングルとスリップアングルが付き、遠心力に対抗してキャンバースラストとコーナリングフォースを発揮することが必要だ。では、実際にバイクが旋回するとき、タイヤはどういう状態でキャンバーアングルとスリップアングルが付き、それに伴いバイクはどういう状態になるのであろうか。
　それを定常円旋回の場合で考えてみるとしよう。まず、ゆっくり低速でバイクを転がしているような状態だと、遠心力はまだ小さく、キャンバースラストだけで十分に対抗することができる。だから、コーナリングフォースは必要なく、バイクはスリップアングル0で旋回する。ステアリングに舵角が付き、リヤはフロントより内側の軌跡を旋回していくことになるのだ。
　ややもすると誤解しやすい点でもあるのだが、スリップアングルが0であっても、操舵角が0であるというわけではないので、念のため。

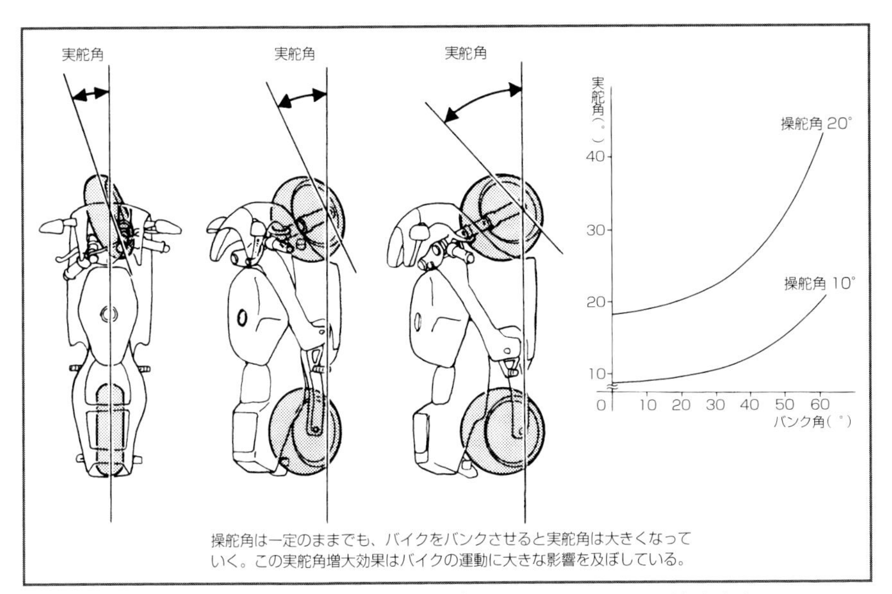

操舵角は一定のままでも、バイクをバンクさせると実舵角は大きくなっていく。この実舵角増大効果はバイクの運動に大きな影響を及ぼしている。

その状態から少しばかりコーナリングスピードを上げてみる。遠心力とのバランスを保つため、バンク角は深くなる。そして、遠心力に対抗する力は、キャンバースラストだけでは不足になり、コーナリングフォースが必要になってくる。

ここで注目したいのは、フロントはバンク角が深くなると、操舵角が一緒でも実質的な舵角である実舵角は大きくなるということである。操舵角というのは、ヘッドパイプに分度器をキャスターアングルの分だけ傾けて測った角度であるが、それに対し実舵角というのは、分度器を路面において計ったフロントタイヤの切れアングルである。キャスターアングルが付いているために、実舵角は操舵角よりも小さくなる。キャスターアングルが極端に寝ていたら、フロントタイヤは傾くだけで切れないのだ。

ところが、その舵角を与えたまま、バイクを寝かしていくと実舵角は大きくなる。バンク角を20度ぐらいまで大きくすると、実舵角は操舵角と同じぐらいになり、さらに寝かせるとどんどん大きくなっていく。言ってみれば、バイクのステアリングには、寝かしていくだけで四輪車ならステアリングを切り増ししていくのに相当するような効果があるのだ。

バイクのプラモデルでも手にしてもらえば分かりやすいのだが、切れアングル一杯のまま寝かしていけばフロントタイヤが路面上で切れている実質的な舵角は大きくなっていくはずである。Uターンのときリーンアウトでバイクを寝かしたほうが実舵角が大きくなり、小回りが利くことからも、それを理解できると思う。

するとフロントは、バンク角が深くなることで実舵角が大きくなり、それだけで必要なコーナリングフォースに見合ったスリップアングルを付けることができる。ところが、一方のリヤは、軌跡を外側に移してスリップアングルを大きくしなければならない。

つまり、バイクはコーナリングスピードが上がると、バンク角が深くなるとともに、リヤの軌跡がアウトに移動していく性質があるのだ。低速ではリヤは必ずフロントのイン側を転がっていくのだが、スピード上昇とともにアウトに移動し、バイクやタイヤによっては、フルバンク時はリヤがフロントのアウト側を転がっていくこともある。

それは、フロントは寝かせるだけで必要なスリップアングルが稼げるが、一方リヤは軌跡をアウト側に移動することでスリップアングルを稼ぐことになるからである。ステアリングはほぼ同じ方向を向いていれば済むのに対し、車体本体はスピードの上

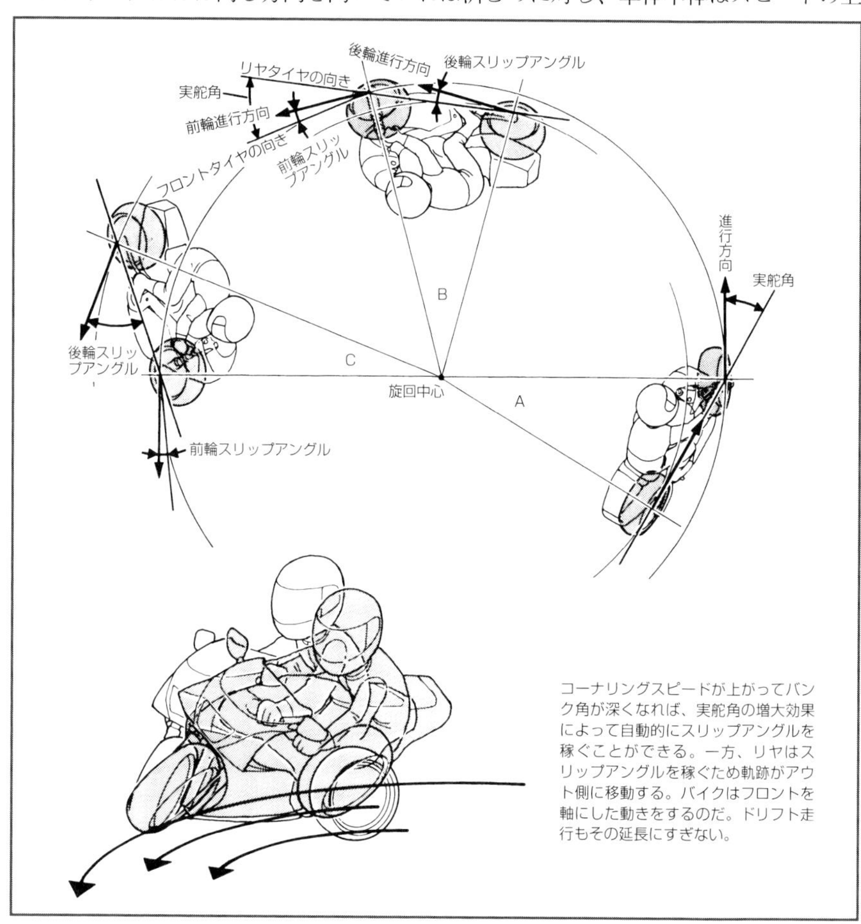

コーナリングスピードが上がってバンク角が深くなれば、実舵角の増大効果によって自動的にスリップアングルを稼ぐことができる。一方、リヤはスリップアングルを稼ぐため軌跡がアウト側に移動する。バイクはフロントを軸にした動きをするのだ。ドリフト走行もその延長にすぎない。

昇とともにイン側を向くようになる。つまり、ステアリングの操舵角そのものは、速度上昇とともに小さくなっていくのだ。

四輪車では、スピード上昇とともに操舵角が小さくなるコーナリング特性を、オーバーステアと呼んでいる。この考え方を当てはめるなら、バイクは生まれつきオーバーステア特性であるということになる。もっとも、これがバイクにとっては自然なのであって、バイクにとっての感覚的なオーバー、アンダーとは別問題なのだが……。

■トラクション旋回におけるリヤステア

前項で述べたバイクの旋回特性は、あくまでも一定の旋回半径上を、一定速度で旋回する定常円旋回におけるものである。一定速度であっても速度によって、バイクは旋回状態を変えていくということである。

その定常円旋回はここまでにして、ここからは現実的なトラクション旋回(二次旋回)の状態に進んでいくとしよう。定常円旋回の状態からスロットルを開け、トラクション旋回の状態になったとする。すると、生じる加速Gでリヤに荷重移動し、さらに大きいトラクションを伝えることのできる状況が生まれることになる。

リヤに大きく掛かるようになった荷重というのは、下向きの垂直荷重(重力＝ライダーも含めた車重)と外向きに生じている遠心力の合力のはずである。垂直荷重はタイヤのグリップ力を高め、伝えることのできるトラクションを大きくしてくれる。そして、それに応じて遠心力も大きくなるから、その分タイヤはコーナリングフォースが大きくなることで対抗しなくてはならない。

もし、増大するリヤへの垂直荷重と、タイヤが発生するコーナリングフォースが比例関係にあるのなら、同じスリップアングルのままで必要なコーナリングフォースを得られるのだから、バイクの状態変化はないところである。でもタイヤの性格上現実には、すでに触れたように、垂直荷重増加分ほどにコーナリングフォースは大きくならない。

そのためトラクション旋回においては、リヤに大きく荷重が掛かるようになるほどに、リヤのスリップアングルを大きくする必要が出てくる。そのため、リヤの軌跡はアウト側に移動していくのだ。そのことにより、マシンはスピードを高めながらも車体の鼻先をイン側に向け、向きを変えていくという、速く走るためには願ってもない状況が生まれることになる。

これがリヤステア状態なのだ。バイクは生まれながらにして、オーバーステア特性を持っている。そして、その延長線上にこのリヤステア特性も備わっているわけだ。だから違和感なく知らず知らずのうちに、こうした特性を引き出すこともできるのである。

もちろん、誰が乗ってもこうした状態を同じように生み出せるものではなく、ライダーのテクニックの差が出てくる。進入する段階からスムーズでタイミング良く体重移動をし、リヤタイヤの接地点に向かってお尻から真っすぐ荷重していく感覚が求められるし、スロットルワークも大切になってくる。

でも、これがうまくいかず、真っすぐダイレクトに荷重できなかったりすると、ステアリングをこじらせて、いいバランス状態にはならず、フロントをアウトに押し出すなどして曲がらなくなってしまう。

そんなわけで、うまいライダーの後ろに付いていると、同じようにコーナーに入りながら、こっちがフルバンクで寝たまま限界で頑張っているのに、敵はバイクが起きながらドンドン離れていくということになってしまうのである。

一昔前では想像もつかなかったほどワイド化したバイクのリヤタイヤだが、それはそれだけ高い荷重で高いコーナリングフォースを得る、高いレベルでのトラクション旋回を可能にしているのである。次項で詳しく触れていくが、ワイドタイヤは単に立ち上がり加速で高グリップを得るためだけのものではないのだ。

テクニック面からいって、このリヤステアにおいては、リヤへの荷重が大きなポイントである。リヤに荷重を掛けることによって、トラクションを伝えつつ旋回性を高めていくことができる。

ただ、後ろ乗りのライディングフォームでリヤに体重を掛けたからといって、良く曲がるというものではない。確かに昔の前後同じサイズのタイヤを履いたバイクでは、定常円旋回でも後ろ乗りをすることで、リヤのスリップアングルが大きくなって、曲がりやすくなるということもあった。でも、今のバイクではリヤの太いタイヤが踏ん張ってくれるので、そんなことをしたところで単純に旋回性が上がるわけではない。

リヤにトラクションが掛かり、リヤへの荷重が高まる。すると、さらに大きいトラクションを与えることができる。そのことで旋回性も高まっていく。

ところが、トラクション旋回の状態であれば、前後の荷重の掛け方で前後のグリップのレベルの調整ができる。後荷重のフォームだと、リヤのグリップは上がり、横方向の遠心力に対するグリップ力も上がると同時に、伝えるトラクションも大きくすることができる。リヤのトラクションが不足気味でリヤから滑り始めるようなオーバーステア傾向が強いときは後荷重にし、逆にリヤは喰い付いていてフロントが負けてアウトに押し出されそうなアンダーステア傾向のときは前荷重にというように、上体の前傾度の調整でオーバー、アンダーをコントロールできるのだ。ちなみに、前項の最後で触れたバイクにとってのオーバー、アンダーとはこうした意味で使うのが適当であるだろう。

リヤステア状態では、フロント荷重は小さくなって負担は軽く、リヤのトラクションに引っ張られてライン上を転がるだけだから安全でもある。その意味でも、二つしかタイヤがなく転倒の危険性を含んでいるバイクにとって、リヤステアとは安全にコントロール下に置ける好ましい状態でもある。

■リヤの太いタイヤを考える

バイクは、生まれつきオーバーステア特性の乗り物であり、その延長線上にリヤステアという特性を持っている。だから違和感なく、この特性を引き出すこともできる。リヤステアがはっきり分かるのは、ダートトラックなんかの派手なカウンターステアであるが、これにしても、普通のコーナリングの延長線上にあるものであって、特別なものでもなんでもない。

さて、このカウンターステア状態では、リヤに極端に大きいスリップアングルが着いている。オンロードでのリヤステア状態だと、トレッドは路面としっかりグリップしながら、サイドウォールがねじられることでスリップアングルが付いていたのだが、ダート上では、タイヤはスライドし、スリップアングルはトレッドと路面との間でも生じているのだ。

ダート上では、グリップ力は明らかに低くても、タイヤのブロックが機械的に路面に噛み込んで得られる凝集摩擦によって、滑りながらもしぶとく路面を掴んでくれる。そのおかげで、滑りからもグリップ感覚を感じ取ることができ、大カウンターステアも可能なのである。

ダートトラックを経験したライダーは、リヤステアを生かすことができ、オンロードでも速いと言われるが、それはリヤのスライドをコントロールできるからというよりも、グリップ走行の範囲であってもリヤステア状態を造り出すことに長けているからではないだろうか。

グランプリのトップライダーは、ダートトラックばりのカウンターステアを見せることがある。でも、これはバイアスタイヤでは不可能で、ラジアルタイヤだからこそ可能になってきたものなのだ。ラジアルでは、トレッドはしっかり固められてグリップ力を伝えながら、サイドウォールは柔軟にたわんでくれる。スリップアングルが大きい範囲まで安定したコーナリングフォースを発揮することができるのだ。バイアスのようにある程度のスリップアングルのところでタイヤ全体がたわみ、トレッドの接地状態に悪影響を及ぼすということがあまりないのだ。

では、ここでは、リヤにあの太いタイヤが使われる理由を考えてみたいと思う。おそらく多くの方は、強力なパワーを生かして立ち上がり加速を良くするためであると考えておられるのではないだろうか。確かにそれは間違ってはいない。でも、それだけではないのだ。

それを考えるには、リヤステア状態に注目する必要がある。トラクションによってリヤに大きく荷重が掛かると、大きくなる遠心力に対抗して、リヤはコーナリングフォースを大きくしなければならない。垂直荷重も大きくなるが、荷重の増加ほどに大きくはならない。そこで、コーナリングフォースを稼ぐためスリップアングルは大きくなり、リヤの軌跡はアウト側に移動することになる。

今一度、コーナリングフォースと荷重の関係に注目してみよう。くどいようだが、

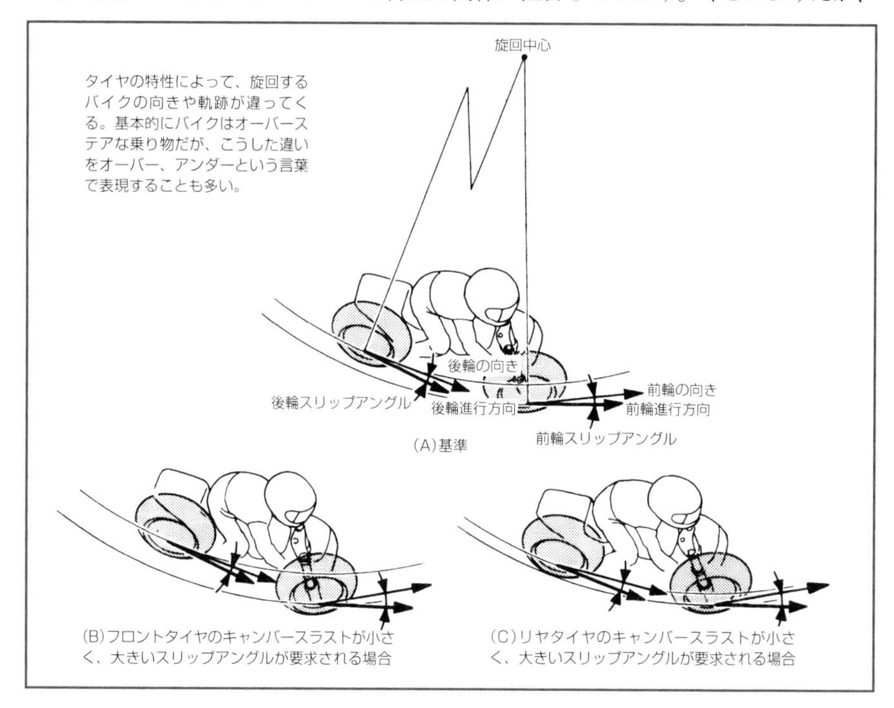

コーナリングフォースとは、グリップ力とねじれ変形に対する抵抗力で決まってくるものである。グリップ力そのものがタイヤに掛かる垂直荷重に比例して大きくなるわけではないことに加え、荷重がある程度大きくなるとタイヤが変にたわみ、ねじれ変形への抵抗力がなくなってくるので、コーナリングフォースは次第に頭打ちになってくるのだ。

ここで、タイヤが幅広扁平だと、グリップ力が大きい上にねじれ変形への抵抗力は大きく、荷重増加に対するコーナリングフォースの増加分も大きくできる。大きい荷重にも耐えてコーナリングフォースを発生できるようにもなるのだ。

極端な話、もしリッターバイクに125cc用の細すぎるタイヤを装着したら、ちょっとリヤに荷重しただけでタイヤは悲鳴を上げ、滑る以前に腰砕けになって、それ以上攻めることにタイヤは耐えられなくなってしまうはずである。逆に太すぎると、荷重してもスリップアングルは小さくてリヤステア効果が思うように得られない。

つまりタイヤを太くするのは、荷重増大に耐えられる特性を求めてのことなのである。そして、そのことでリヤステアをより高いレベルでこなそうとするものなのだ。何も大きいパワーを伝えるだけではないのだ。

すでにこの本で、タイヤサイズの変更では荷重指数に注目しようと述べた。タイヤは許容荷重ぐらいまではコーナリングフォースが下降せずに発生できるから、その意味でも荷重指数を考慮することが有効なのである。

近年、タイヤは幅広扁平化してきた。そればかりか、1990年代中頃に180/55-17どまりだったものが、その後ハイパースポーツでは190/50が一般化し、荷重感覚に見合った反応が得られ、リヤステアをさらに高いレベルでこなせるようになってきている。それが速さにもつながっている。また昨今では200/50のものまで出現している。

250ccにリッタークラスの幅広扁平タイヤを履いたホーネットというバイクがあった。はっきり言って、パワーを吸収するだけならこんな太いタイヤは無用だ。でも、これはリヤステアを高いレベルでこなせるようになっていて、コーナーに進入してリヤに荷重しトラクションを与えるように仕向けられる。その結果、転ぶ気がしないほどの安心感を与えてくれるのだ。

ところで、近年のMoto GPやスーパーバイクでは、リヤホイール径が16.5インチという変わり種もが使われたことがあった。これは深いバンクからのリヤステア特性を求めていったとき、プロファイルがショルダー部までラウンドに回り込み、さらに必要なサイドウォール高さを確保しようとしたとき、リムをわずかに小径にする必要が出たためと解釈できようか。これは一般市販車に発展することはないだろうが、さらなる進化の形を見せているということである。

私がレーシングタイヤの開発ライダーをしていた1980年代後半は、ラジアル化とと

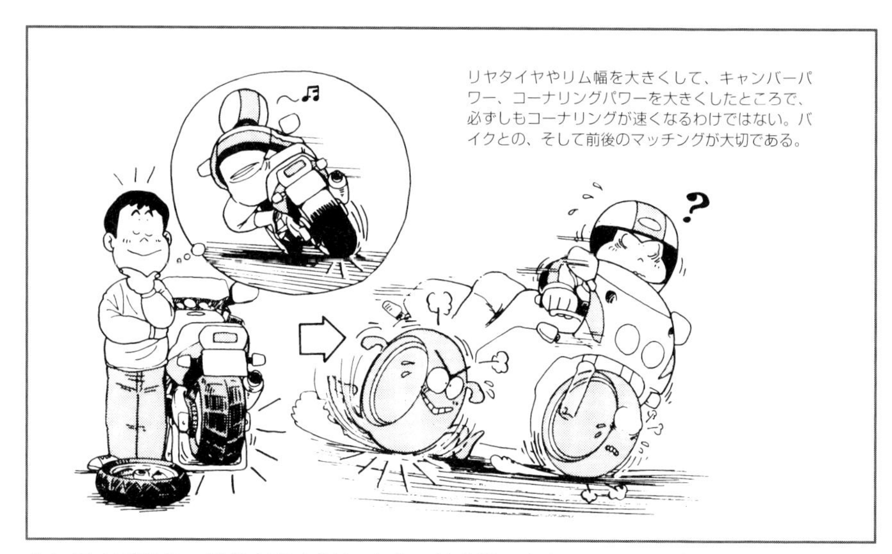

リヤタイヤやリム幅を大きくして、キャンバーパワー、コーナリングパワーを大きくしたところで、必ずしもコーナリングが速くなるわけではない。バイクとの、そして前後のマッチングが大切である。

もに幅広扁平化の進化が最も激しく進んだ時期でもあった。1980年代中頃のバイアス時代、GP500で4.00インチ以下だったリヤのリム幅は、瞬く間にワイド化。1990年代初頭に6インチ超に達したことに歯止めを掛けるべく、レギュレーションでリム幅が制限されることになった。現在のモトGPでの上限6.25インチもそれを踏襲していると見ていい。

年々、ワイド化が要求され、ワイドな試作タイヤができるたびに悩まされてきたのは、リヤのオーバーサイズの症状が出て、曲がらずアンダーが出てパワーも喰われてタイムも出ないという問題であった。それをリヤタイヤのフレキシブルな特性と、それに合わせたマシンとライディングスタイルの改良によって速さに結び付けてきたのだが、それが完璧に完成しないうちに、さらにワイドな試作タイヤが造られるといった具合に、感覚的にも流れに追従していくのが大変だったものである。今思うと、当時は一般市販車もレーシングマシンも、現在に繋がる混乱した過渡期であった。でも、今ではそれが実を結び、一つの完成形を見せているといっていいだろう。

それはともかく、タイヤを交換したり、カスタム化するとき、リヤに太いタイヤを履かせるときは、そうしたライディングスタイルのことを考えて取り組んでもらいたい。同時に、マシンもそうした高レベルの走りに適応できるものでないと、タイヤのポテンシャルを活かすことはできない。リヤの接地感が薄いとか、リヤが軽くなって滑るような感じがあるから、リヤタイヤを太くしようという考えなら止めたほうがいいのだ。

ただ、ワイド化が、フロントとのマッチングにおいて、いい結果をもたらすケースもある。相対的にフロントが細くなり、ステア感覚にシャープさが出たり、旋回中もフロントのグリップに依存しないような素直さが出てくることもある。そうした観点で、一昔前のリッタークラスの170サイズを180にするとか、180を190にするのは悪くないかも知れない。ワイドサイズが現在の主流でマッチングも図られていることもあるし、リム幅が同じならプロファイルがラウンドになるので、それが好結果をもたらす場合だってないわけではない。

3-3.ハンドルの手応えについて

■保舵力はどうして生まれるのか

　ここまではタイヤの曲がる力について科学し、主にリヤタイヤに注目してきた。タイヤは単純にグリップするだけでなく、曲がる力とそれを発生しているときのタイヤの状態変化が、バイクに備わっている特性に大きく関わっているものなのだ。でも、難しい話もライディングの世界と結び付けて考えてもらえば興味も湧くというもので

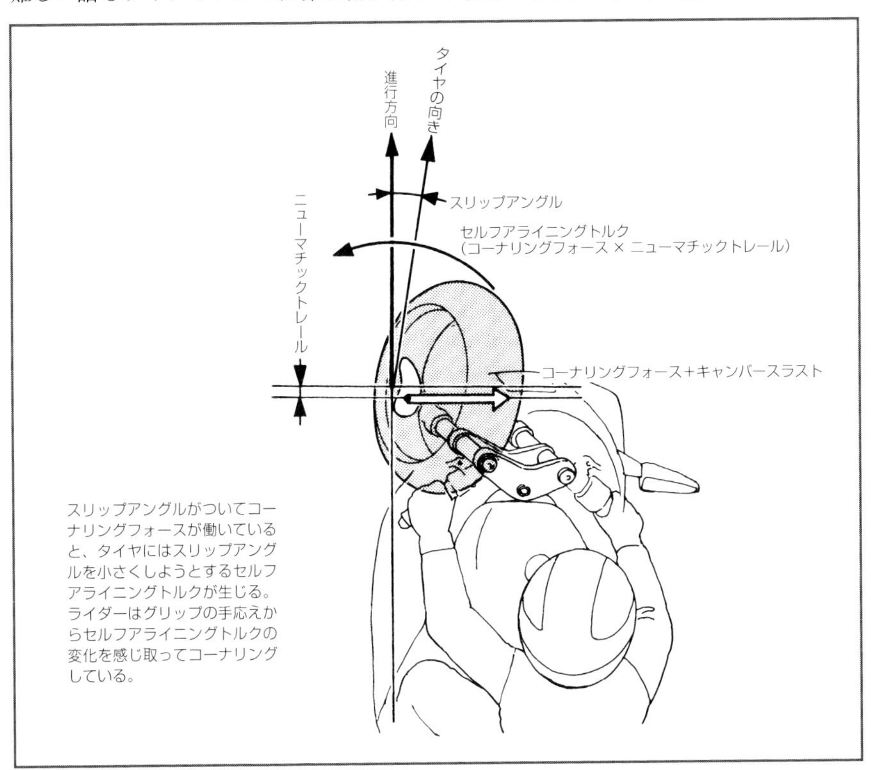

スリップアングルがついてコーナリングフォースが働いていると、タイヤにはスリップアングルを小さくしようとするセルフアライニングトルクが生じる。ライダーはグリップの手応えからセルフアライニングトルクの変化を感じ取ってコーナリングしている。

ある。ここからフロントタイヤに注目していくが、なるべく実際のライディングでの感覚を持ち出していくので、気楽に読み進んでもらいたい。

コーナリング中、ハンドルグリップには手応えが伝わる。手応えというより、完全に手放ししたらステアリングはあらぬ方向を向いてしまうので、手を添えることで舵角をその位置に保っているといったほうがいいだろう。その舵角を保つ力のことを保舵力と呼んでいるが、それが手応えになっているのだ。それはバイクのコントロールのしやすさに影響する重要な情報であり、フロントからの危険信号をもフィードバックしてくれているのである。

では、この保舵力がどうして生まれるのかを考えていこう。

ここまで述べてきたように、タイヤが遠心力に耐え、曲がろうとする力であるコーナリングフォースを発生しているとき、タイヤの向きと進行方向の間にはスリップアングルが付いている。サイドウォールにねじれ変形が生じているのだ。リヤの場合はそのことがリヤステア特性に結びついているのだが、スリップアングルが付くこと自体はフロントタイヤの場合にしても同じである。

するとトレッド面も歪められ、接地面はイン側後方に取り残されたようになる。静止時であれば、接地面はタイヤの真下にあって前後左右対称の楕円形状で、接地圧も均一なのだが、タイヤが旋回しながら動転することによって接地面は歪められ、イン側後方部分にかかる接地圧が高まる。

そのためタイヤのグリップ力は、接地面全体で均一ではなく、接地面のイン側後方部分で大きく発生することになる。グリップ力がある一点で代表して働いていると考える点を着力点とすると、それはタイヤの中央ではなく、それより後方にあるのだ。そのことで、タイヤにはスリップアングルを小さくして元に戻そうとする方向に回転させようとするトルクが生じることになる。

このトルクをセルフアライニングトルク、中心から着力点までの距離をニューマチックトレールという。そして、セルフアライニングトルクは、ニューマチックトレールとグリップ力、すなわちコーナリングフォースを掛けたものになるのだ。このセルフアライニングトルクが、ハンドルグリップに手応えとして伝わってくる。ただし、セルフアライニングトルクに対してだけ、保舵力を与えればいいというわけではない。

ステアリングには、車体が傾いた方向に切れてバランスを保とうとする働きがある。その働きを自動操舵機能と私は呼んでいるのだが、ステアリングを切ろうとする自動操舵機能に対し、戻そうとするセルフアライニングトルクが勝てば、ステアリングは戻されることになる。するとライダーはそれが戻らないように、イン側のグリップを引いてハンドルを切り付けようとする引き舵の保舵力を与えないといけない。逆

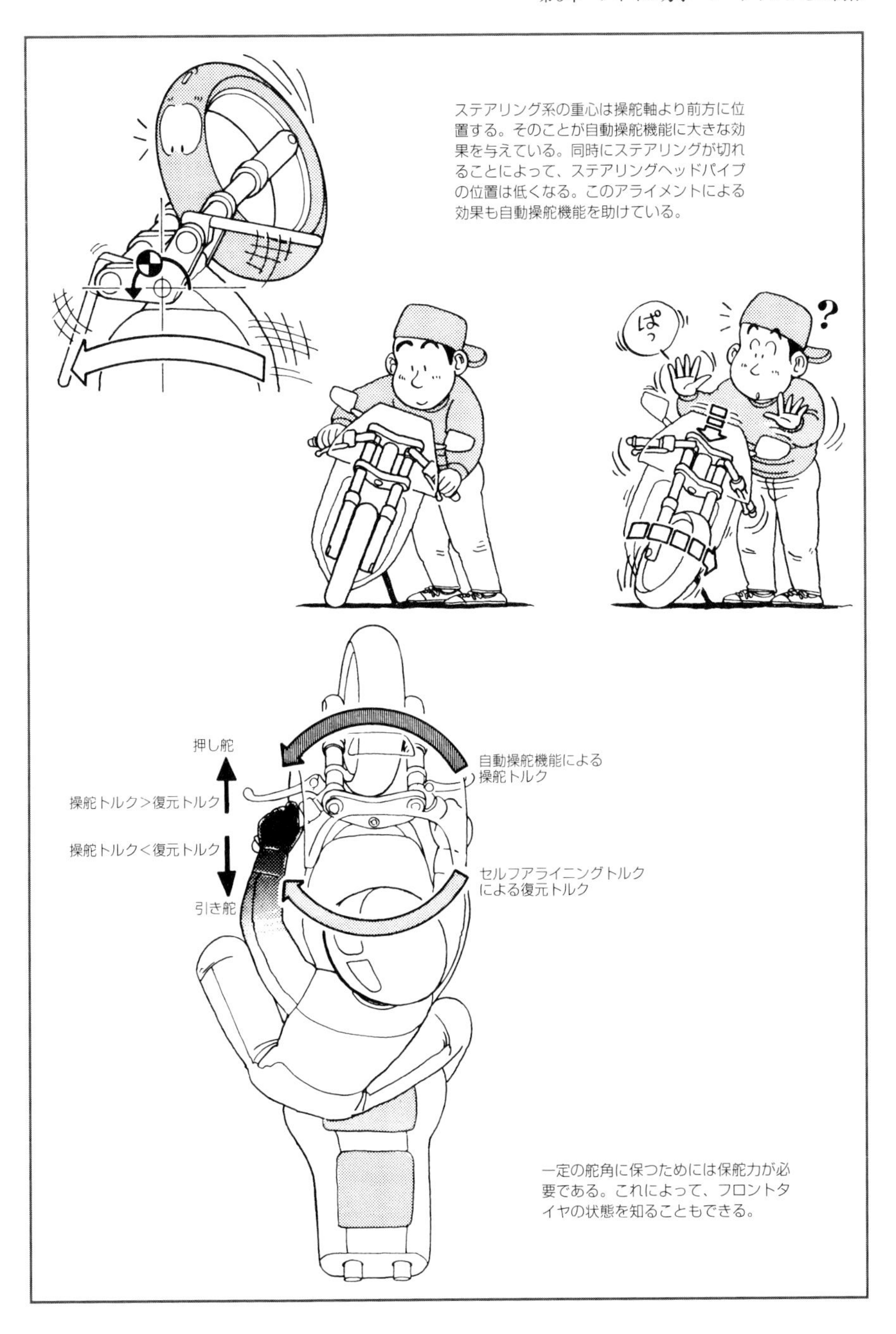
ステアリング系の重心は操舵軸より前方に位置する。そのことが自動操舵機能に大きな効果を与えている。同時にステアリングが切れることによって、ステアリングヘッドパイプの位置は低くなる。このアライメントによる効果も自動操舵機能を助けている。
ぱっ
?
押し舵
操舵トルク>復元トルク
操舵トルク<復元トルク
引き舵
自動操舵機能による
操舵トルク
セルフアライニングトルク
による復元トルク
一定の舵角に保つためには保舵力が必要である。これによって、フロントタイヤの状態を知ることもできる。

に自動操舵機能が勝れば、保舵力はイン側を押して戻そうとする押し舵になるのだ。
　コーナリングフォースが大きくなると、セルフアライニングトルクも大きくなり、ステアリングは元に戻されようとする傾向が強くなる。そのため、乗り方やコーナリングスピードで保舵力は変わってくる。
　同じコーナーをライディングフォームを変えて走り、保舵力の違いを感じてもらいたい。リーンアウトだと押し舵が強く、ハングオフだとそれが弱くなるか、引き舵傾向になるはずだ。これは、ハングオフだとマシンは起き気味となり、キャンバースラストが小さい分、コーナリングフォースを大きくしなくてはならず、セルフアライニングトルクが大きくなるからである。また、オフロードバイクでは、リーンアウトだと弱押し舵で自然なのだが、オンロードでハングオフすると引き舵になって不自然になってしまうはずである。
　そして、同じコーナーで同じフォームでもコーナリングスピードが高くなると、押し舵傾向は弱くなってくる。もともとが引き舵傾向であるなら、その傾向はさらに強くなってくる。コーナリングフォースが大きくなるからである。
　そもそも保舵力とは、弱押し舵であるのが自然なものなのだ。タイヤが滑ったりマシンが振られたりしたとき、保舵力を緩めることでマシンが起き、自然に対処できる

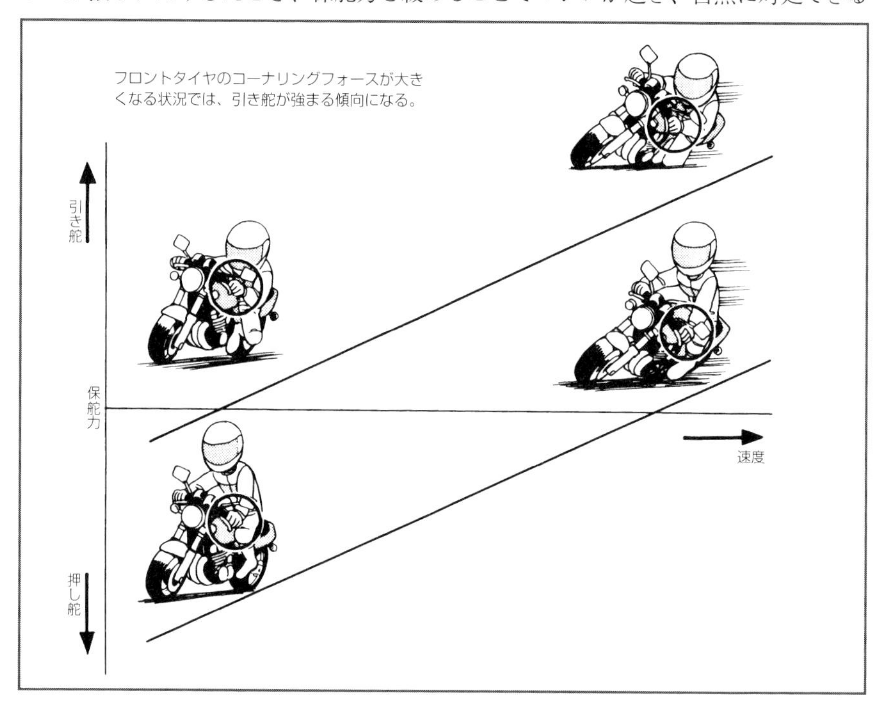

からである。バイクには保舵力が自然になる乗り方というものがあるわけだ。

そればかりか、保舵力はさりげなくライディングのまずさをも教えてくれるものである。いつまでもフロントに依存してコーナリングしていると、フロントがコーナリングフォースを出したままなので、引き舵になってしまいやすい。最近のバイクはこういう状態になりやすいことも事実だが、くれぐれもこのようにハンドルを切り付けたままのコーナリングが、現在的なライディングだと勘違いしないでもらいたい。

また、このことには最近のバイクの進化によるライディングスタイルの変化も影響している。

レーシングライダーのコーナリングフォームに注目すると、1980年代半ばだと腰を大きく落としながら上体はリーンアウト気味に身構えていたことからすると、最近は腰をセンター近くに置いたまま上体を大きくリーンインさせるスタイルに変貌している傾向が見られる。以前は身体を落としてマシンを寝かし込み上体でマシンを押さえ込んでいたものが、高レベルのトラクション旋回が可能になってきた昨今では、リヤに掛ける荷重を逃がすことなくコーナリングスピードを上げるには、腰を落とし込むのはタイミング的に無駄で、ダイレクトにシートからリヤに荷重させにくいので、効率が悪いのだ。

そのため、私自身の身体に染み付いている乗り方で、最近のハイパフォーマンスタイヤやレーシングタイヤを装着したマシンに乗ると、やはり引き舵傾向が出てしまいやすいのである。

バイクやタイヤは、それぞれの時代のマシンの要求に合ったライディングがマッチングするように、全てが造られているということだ。そして、ライダーはステアリングをニュートラルにできるライディングを探っていく姿勢が求められるのだ。

■フロントタイヤのグリップ限界

前項では、フロントタイヤの状態がグリップへ伝わってくるということ、そして保舵力がライディングやその誤りについて教えてくれているということについてお話しした。でも、バイクに乗っているときに、そのようなことを考えていたら危なくて仕方がない。だから、深く考えるのは、くれぐれも走っていないときだけにしてもらいたい。

では、このことをもう少し掘り下げ、ライダーなら誰もが恐いフロントのグリップの限界について考えてみよう。

フロントタイヤが滑り始めるとき、それは接地面全体に一様に同じように同じタイミングで滑り始めるのではない。接地面が歪んでいるということを思い出してもらいたい。接地面は後方の部分が接地圧が高く、そこで高いグリップ力を発揮しているから、その部分からグリップの限界は訪れるのだ。荷重の増加に対してグリップ力には限界があるからである。すると、そのときは、後方部分のグリップ力が小さくなることによって、着力点は前方に移動、ニューマチックトレールは小さくなる。

フロントのグリップに余裕がある状態であれば、手応えにはリニア感があるはずである。セルフアライニングトルクはスリップアングルに比例して変化するからだ。攻めるにしたがい、保舵力はリニアに押し舵傾向が弱まるように変化していくに違いない。

ところが、グリップ力が頭打ちになり始めると、それにつれてニューマチックトレールも小さくなる。そのため、グリップ力とニューマチックトレールを掛けたものであるセルフアライニングトルクは急激に減少し始めるのだ。

もし、コーナーでどんどん調子に乗ってバンク角を深くし、コーナリングスピードを高めていったとしよう。限界が近づいてくると、本来なら弱まってくるはずの押し舵傾向が弱まらず、そのまま押し舵の保舵力を強く与え続けるようになってくるはずである。

これではまるで、バイクが嫌がっているのをむりやり押し舵にして、さらにひと寝かせしようとしているようなものである。これは完全な危険信号なのだ。これが間違ったライディングであることは、この本を読まれているライダーなら明らかというものである。それにしてもうまくできたもので、本能的にそうした間違った乗り方をさせないようになっているのだ。また、そう感じたら保舵力を弱めることである。自然にバイクは起きて対処できるようになっているわけだ。

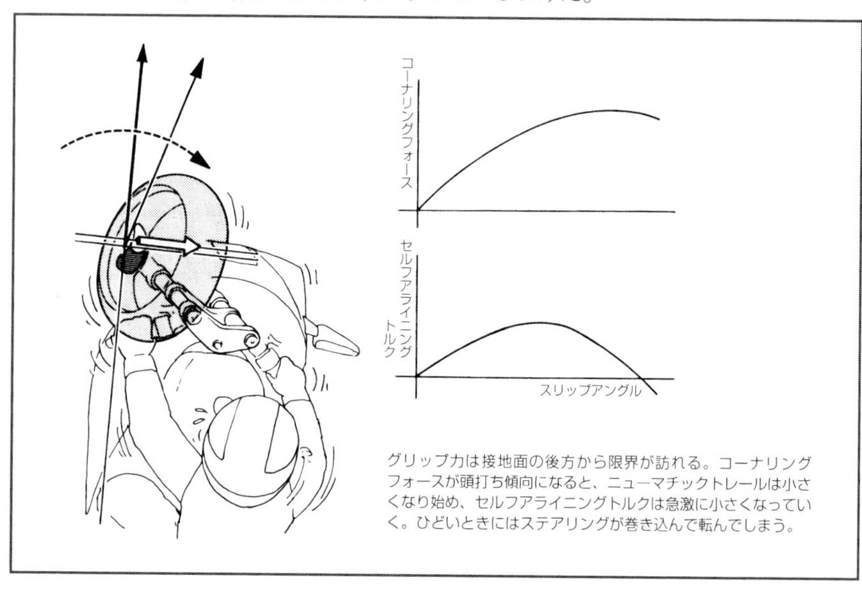

グリップ力は接地面の後方から限界が訪れる。コーナリングフォースが頭打ち傾向になると、ニューマチックトレールは小さくなり始め、セルフアライニングトルクは急激に小さくなっていく。ひどいときにはステアリングが巻き込んで転んでしまう。

旋回中、フロントはストレスなく転がっているだけ。でも、イン側グリップには弱押し舵の保舵力が掛かっている。スペイン・アルメリアサーキットをミシュラン・ハイスポルトを履いた2003YZF-R6で走行中。

これを越えて無理をすると、着力点は中心より前方にまで移動し、ニューマチックトレールはマイナスに転じ、セルフアライニングトルクも逆向きになってしまう。復元トルクが切れ込みトルクになってしまうのだ。これによってステアリングは巻き込み、フロントはグリップを失って転倒してしまう。このように保舵力の変化は、限界をもしっかり教えてくれているものなのだ。

ちょっと悪いイメージのことばかり表現してしまったので、グリップに余裕がある良いイメージの場合にも触れておくことにしよう(悪いイメージはそれを現実に呼び込むことさえあるのだ)。本来は、回転する接地面が路面に噛み合うのを感じながら、ステアリングはニュートラルなまま、そしてフロントタイヤはゴロゴロンと狙ったライン上を転がっていってくれるものなのである。

さて、ここまで私は保舵力とその変化がフロントタイヤからの情報であると言ってきた。でも、それがフロントタイヤから伝わる全てかというと、決してそれだけではないように思う。感覚的な領域の話なので、物理的に説明することはできないが、ライダーにとって気になるフロントのグリップをもっと別の情報からも掴んでいるように思えてならないのだ。

接地面の一つを靴底として捉えたとき、接地面の具合はハンドルグリップに伝わってきて、どの程度路面の細かい凹凸に喰い込んでいるのか、何となく分かるものである。また、バイクは常にステアリングが左右に切れながらバランスを保っているものである以上、それに伴う細かい保舵力の変化も伝わってくる。グリップが高ければその変化が明確であるのに、グリップ状態が悪いときは変化が平滑で無機質なのである。

そして、実際にフロントが滑ったことに関しては、それまで生じていたブレーキングなら前向きの、コーナリング中なら外向きの慣性力が弱まるわけだから、そのことを身体が受けるGから掴むこともできる。

やはりそうしたインフォメーションを感覚的に掴むことで、ライダーは安心感を得ているのだと思う。ともかく、どこまで肩と腕の力を、いやGに関しては全身をリラックスできるか、そのときのコンディションいかんで情報量の豊かさも大きく違ってくるものなのである。

では、話題に戻って、ここでホイール径について考えておこう。フロントが大径だと接地面積が縦長となりニューマチックトレールも大きくなる。その変化も穏やかで限界も把握しやすくなる。以前のフロント19インチのものはその意味でいいものを持っているし、今の18インチのものにしてもその良さが出ている。でも、小径だとそれがシビアになる。そのため1980年代前半に流行したフロント16インチは、嫌われて使われなくなったのだ。

ただ、17インチラジアルは、扁平率も大きくてハイトが低く、外径的にはかつての16インチとさほど変わらないのが現実だ。ただし、ラジアル化によって、接地面も無理な変形もなく、ニューマチックトレールの急激な変化も生じにくくなっている。さらに、フレキシブルなサイドウォールからのフィードバックがあって、コントロール性は雲泥の差ほどに改善されているのだ。

一昔前のバイクを走らせるにあたって、かつての16インチバイアスを今の17インチラジアルに換えるのは悪くない方法だと思う。性能的に優れているし、入手できるタイヤの種類も多いからである。オリジナルが19インチなら、18インチ化が車両性格とのバランスを崩さないという意味で適当だろうが、17インチもいいだろう。

でも、ただそれをそのまま装着しただけでは、せっかくのフロントタイヤからのインフォメーションが、うまく伝わってこないこともある。

コーナリング中の保舵力は弱押し舵であるべきである。それが限界を感知しやすく、対処もしやすいのだ。たとえ何かの拍子に保舵力を与えられなくなっても、バイクは起き上がり安定を保てる。軽く押し舵にして、バイクを寝かし付けているような感覚が自然なのである。

ところが、小径化しても、車両姿勢が前下がり過ぎると、キャスターアングルが立つことで実質的な舵角が大きくなり、フロント荷重も掛かってくるので、コーナリングフォースは大きくなり、セルフアライニングトルクも大きくなって、引き舵になってしまうことが多い。フォークオフセットが大きいままだと切れ込みが強く、それに対抗して押し舵が強くなることもある。タイヤのサイズ変更は、そうした絡みも踏まえて考えたいものである。

1980年代には、幅広小径化やサイズの多様化に加えラジアル化までは短期間に進んだものだが、1990年代に入りタイヤの見かけ上の進化は落ち着いているという見方もできよう。でも、進化が止まったわけではない。タイヤの進歩はライディングスタイルに影響し、またバイクのディメンジョンにも影響を与え続けている。

1990年代後半まで、スーパースポーツモデルのフォークオフセットは35mm程度が一般的だった(1970年代のフロント19インチの時代には45～60mmもあった)のだが、2000年代に入り短縮化の傾向が見られ、今ではほとんどGPマシンと同じ水準の25mmのものまで出現している。ステアリングの慣性モーメントを小さくしてダイレクトな操舵感覚を可能にしているのだが、以前のタイヤであれば、そのように小さいオフセットではトレールが大きくなり過ぎて、ステアリングが重く、成り立たなかったところである。

マシンとタイヤはお互いのマッチングを求めて進化しているのだし、またタイヤを最新のものに換えていくということは、バイク側でのさらなるマッチングの可能性も生じているということなのである。

■バイクを起こす力とプロファイルのこと

コーナリング中の保舵力は、軽くイン側を押す弱押し舵であることが理想である。そして保舵力は、フロントタイヤの状態だけでなく乗り方のまずさをも教えてくれている。たとえばフロントに依存していると、コーナリングフォースが出っ放しになって引き舵が強くなることもあるのだ。さて、この保舵力だが、実はリヤタイヤの影響も受けている。バイクのタイヤの特性は前後単体で語ることはできないのだ。

それは、タイヤ自身にバイクを起こそうとする効果が備わっているからである。そして、その大きさはプロファイル(断面形状)やタイヤの剛性に影響される。ここではそのことについて考えてみよう。

バイクがバンクすると、バイクの重心はバンクした方向に移動し、バイクにはもっと寝かせようとするモーメントが生じる。その大きさは、重心の移動量と下向きの重力を掛けたものである。簡単にいえば、重力によってバイクは倒されようとし、バイ

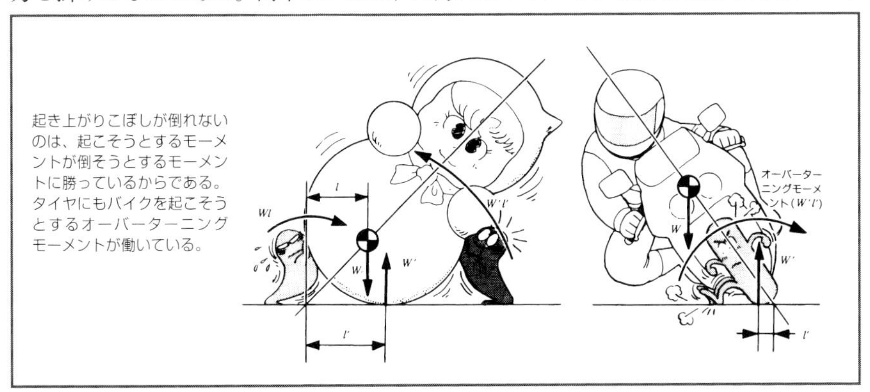

起き上がりこぼしが倒れないのは、起こそうとするモーメントが倒そうとするモーメントに勝っているからである。タイヤにもバイクを起こそうとするオーバーターニングモーメントが働いている。

クが強く傾くほど、それが強くなるということである。

　そしてバイクをバンクさせる(タイヤにキャンバーアングルを付ける)ことで、接地点はイン側に移動する。すると、接地点に路面からの反作用で重力と同じ大きさの上向きの力が働き、そのことでバイクを起こそうとするモーメントが生じる。そして、その大きさは接地点の移動量と、その力の大きさを掛けたものとなる。

　そのため、実質的にバイクに生じるモーメントは、向きの違う二つのモーメントの差となる。その意味でも、実質的なバンク角は、見掛けのバンク角よりも小さく、接

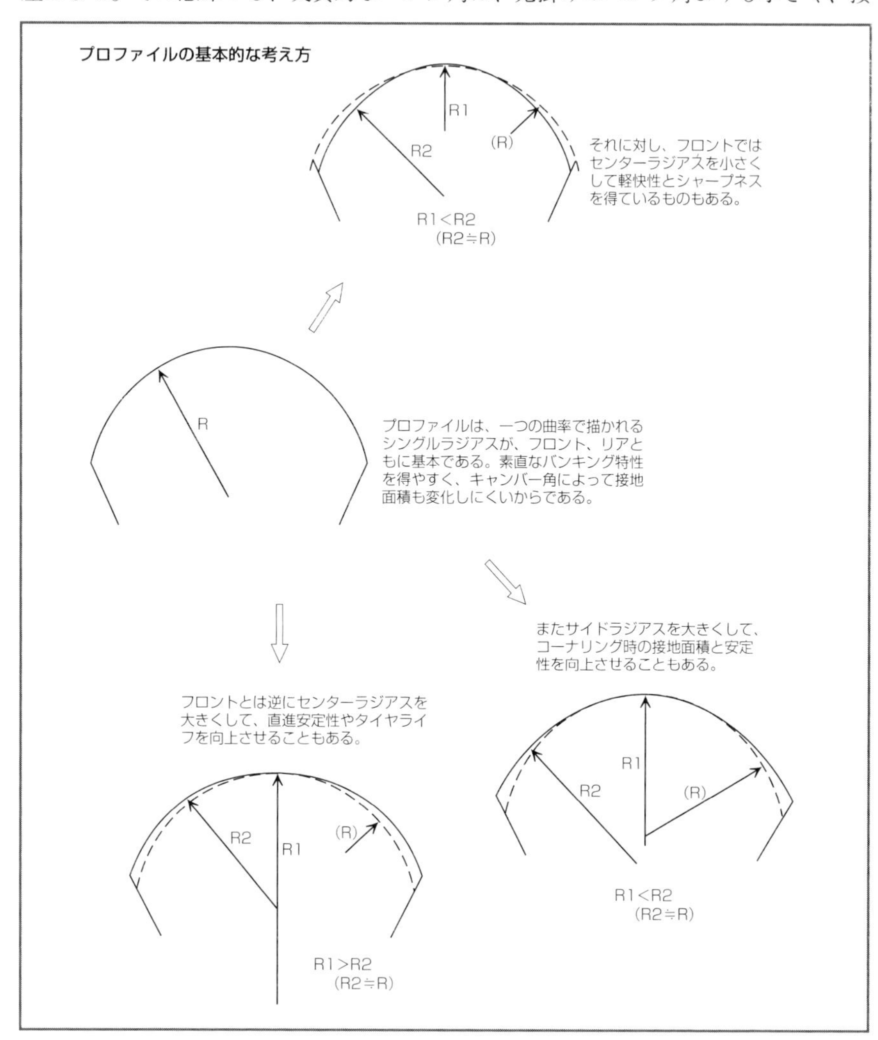

地点と重心を結んだ角度になるわけである。

この起き上がらせようとするモーメントのことを、オーバーターニングモーメントと呼んでいる。もし、傾けようとするモーメントよりオーバーターニングモーメントのほうが大きければ、倒そうにも絶対に倒れず、独りでに起きてくることになる。これが起き上がりこぼしである。

当然、プロファイルが幅広扁平なほど、接地点の横方向の移動量は大きく、オーバーターニングモーメントは大きくなる。太いタイヤほど寝かせるのが重くなるのだ。一般にというよりも必ずバイクのタイヤは、フロントよりリヤのプロファイルのほうが幅広扁平になっている。リヤよりフロントが軽く寝ていくのがハンドリング感覚には自然だし、そうでないと素直な自動操舵機能も得られないわけである。

プロファイルには曲率が変化しているものがある。フロントによく見られるのだが、センターのアールが小さく尖がっていて、サイドはアールが大きくなっているタイプである。これは初期のオーバーターニングモーメントを小さくして軽快にし、寝かし込んだところでは接地面積を大きくしてグリップを稼ぐという狙いのものである。リヤの場合は、逆にセンターのアールが大きくサイドで回り込んでいるものがある。これは直進時の安定性を良くし、耐摩耗性を良くしようとしている。

でも、これらは見方によっては苦肉の策でもあるわけで、曲率の変化でハンドリングにクセが出たり、バイクや前後とのマッチングの問題も出やすくなる。特にバンキング途中でオーバーターニングモーメントの増加が小さくなるようだと、倒れ込み感が出たりする。本来、そうした大きな曲率の変化はないほうが理想のはずである。

いずれにしても、プロファイルがバイクのタイヤ特性を左右する最も大きいポイントであることに変わりはない。3次元CTDMという3次元シミュレーションによる最適化形状設計手法を生かしたブリヂストンのBT010など、ハンドリングに格段の進歩を見せているものも少なくないのである。

このオーバーターニングモーメントは、タイヤ剛性によっても変わってくる。サイドが荷重を受けてたわめば、接地点の移動量は大きくなりオーバーターニングモーメントも大きくなる。

タイヤは思いのほか、荷重で変形しているものである。考えてもほしい。まだフルバンクまで寝かせていないリヤタイヤのトレッドが、すでに隅まで接地していたとする。フルバンクにしたらはみ出してしまいそうで、これ以上寝かせたらサイドに乗ってしまうなどという人もいる。でも、それは大丈夫。サイドウォールが荷重でたわみ、しっかり接地面積は稼げているのだ。

そして、荷重を受けてオーバーターニングモーメントが大きくなることが、ハンドリングにも影響を及ぼしている。定常旋回のとき引き舵傾向だったものが、トラク

オーバーターニングモーメントはタイヤの幅が広くて寝かせたときの接地点の移動量が大きいほど大きくなる。

ション旋回でリヤに荷重が移ることで、ナチュラルな弱押し舵になることがある。

引き舵になるのはフロントに負担が残ったままで、コーナリングフォースが出っ放しになっているからでもあるのだが、旋回中リヤから寝込もうとしているのを、フロントをこじることで起こし、バランスを保っているケースも多い。リヤに荷重を移すことでリヤのオーバーターニングモーメントが大きくなり、リヤは自然に起きようとしてくれるので、こじり起こす必要がなくなり、ステアリングをニュートラルにできるというわけだ。

また、フロントの空気圧が低かったりすると、ブレーキングでフロントから起こされようとすることがある。これもブレーキングによる荷重移動で荷重が掛かったときにサイドの変形が大きく、オーバーターニングモーメントが大きくなるためである。

プロファイルは、リム幅が狭いと、トレッド面の曲率が小さくなる。リヤのリム幅が狭いと、リヤから寝込む傾向が出て、旋回中の保舵力は引き舵傾向となる。もちろん、リム幅を広げることで接地面積と剛性を上げてコーナリングフォースを大きくし、リヤステア状態でのリヤの踏ん張り感を上げることができるのだが、そうした保舵力の観点からもリム幅は選択していく必要があるのだ。

第4章 タイヤ購入及びメンテナンスの知識

4-1.トレッドパターンやエア圧とライディング

■トレッドパターンとタイヤ性能

タイヤのトレッドには溝が刻まれている。その溝の模様のことをトレッドパターンと呼んでいるが、実はこれがタイヤのキャラクターを物語っているといっても過言ではないのだ。

タイヤのグリップの性格を思い出してもらおう。グリップ力は掛かる垂直荷重が大きいほど大きくなるが、それは比例関係にあるわけではなく、次第に頭打ち傾向を見せるようになる。そのため接地面積が大きいほうが、単位面積当たりの荷重を低くでき、グリップ力を大きくすることができる。だからこそ、レース用のスリックタイヤでは、溝をなくして実接地面積を最大限に大きくしているのだ。そのことでトレッドの剛性も高くなり、コーナリングフォースの立ち上がりが良く、シャープでダイレクト感のあるハンドリングを得ることができる。

そんなわけで、溝が少ないタイヤほど、ハイグリップ指向のスーパースポーツタイヤであるといえる。何も溝が少なければエラいというわけではないが、激しい走りという意味での高レベルの走りを求めるには(ただしドライ路面で)向いているわけだ。

トレッド面積に占める溝の面積の比率をネガティブ比と呼んでいる。陸に対する海の比という意味でシーランド比ともいう。スリックタイヤではこれが0%なのだ。

具体的なネガティブ比を挙げると、ストリート用のもっともハイグリップ指向のものが15%ぐらいで、スポーツツアラー用になると20%をいくらか越える程度になる。そして、ラフロードモデルのブロックパターンのもので60%前後、ストリート寄りのデュアルパーパス用だとその中間の35~40%ぐらいになっているものが多い。

ネガティブ比は、タイヤの狙いがオールマイティーであるほど大きく、またオフロード性能を求めるほど大きくなる傾向がある。それはやはり、溝の効用を求めてのことなのだ。トレッド溝の最大の役割は、第一に排水である。ストリートタイヤがス

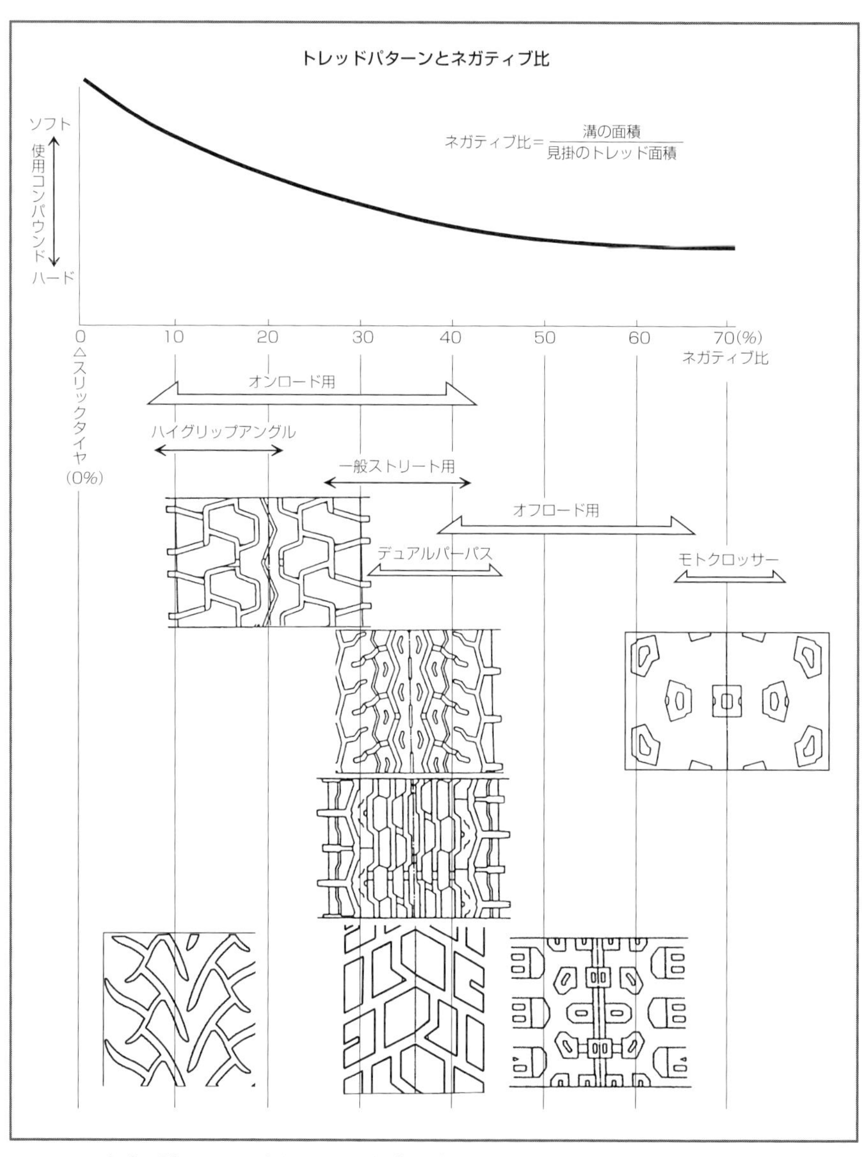

リックのままだと、雨が降り出したときに危険なので、ネガティブ比15%程度の最小限の溝が入っていると解釈して差し支えないのかもしれない。

トレッドの一点が水膜のある路面に接地したとき、その水膜を排除して、いかに早く路面と接することができるかがウェットグリップを高めるには大切となる。もしスリックだと、その一点が路面に接しようとしても、水膜に持ち上げられてしまうので、その水膜を溝の部分にはじき飛ばしてやろうというわけだ。

そのため、ウェットグリップには、ネガティブ比の大きいものが有利である。前後左右に水をはじき飛ばせるように、溝は周方向にも断面方向にも必要となる。ショルダー側の溝が接地面の前方に向かうように斜めに配されているものを見かけるが、これは接地が進むにつれ水を外側に排除できるようにと考慮されたものである。またナイフカット(カーフとかサイプともいう)という小さい溝には、水膜を切る効果がある。

ツアラー指向のタイヤではネガティブ比が幾分大きくなるが、それはウェット性能を高めるためだけではない。実はこれにはトレッド部の剛性を調整する役割があるのだ。溝を設けることでトレッドゴムが変形しやすいように逃げ場をつくっているようなものなのだ。

スリックではその逃げ場はなく、それはそれで高いグリップ力をベースにしたシャープ感が得られるメリットがあるのだが、それでは路面からの外乱で振られやすかったりとシビアな面が出やすくなることも事実である。接地面の大きさと形状もプロファイルの影響がモロに出やすく、バンキング時の特性変化もシビアになるきらいがある。つまり溝によって、特性変化を穏やかにし、扱いやすいものとすることもできる効果もあるわけだ。ネガティブ比が大きければ、それだけワイドレンジで扱いやすいと見て差し支えないだろう。

1970年代までのタイヤは、フロントは縦溝(リブパターン)が、リヤは横溝(ラグパターン)の入ったものが一般的であった。これについてフロントは横滑りに、リヤは駆動力に対してグリップを良くするためであるという認識もあったものだが、オンロードでの使用に限定すると、これはちょっとおかしい。舗装路面でのグリップには溝の角による噛み合い効果は関係ないからだ。むしろ、これはタイヤに力が掛かったときのトレッドのたわみの効果で、フロントはハンドリングを軽快にして耐摩耗性も上げ、リヤは駆動力に対しての吸収性を良くし損傷を抑える働きがあると考えたほうがいいだろう。

ラフロードでは、タイヤのブロックの噛み合い効果による摩擦力が求められるようになり、オフロードタイヤにはブロックパターンが施されている。特に軟質路面用のモトクロスタイヤだと、ネガティブ比は大きくブロックの山も高くして、噛み込み性と土の排除性を高めたものになっている。そして、ネガティブ比35～40%のデュアルパーパスタイヤのパターンは、オンロードタイヤにそこそこの噛み合い効果を期待したものだといえるであろう。

このように、タイヤはトレッドパターンに注目しただけでも、かなり的確なチョイスができるものなのである。

■タイヤの摩耗と寿命

やっぱりタイヤは新しいほどいいものである。ほかにも新しいほうがいいといったものがあるのだけれど、ライダーならせめてタイヤぐらいは新品にして、気持ち良く安全に走りたいものである。タイヤは摩耗してくると性能的に問題が出てくるし、摩耗していなくても月日が経つとゴムは劣化してくる。ここでは、この問題を考えてみ

●高性能タイヤに見る技術的特徴①ブリヂストン

1970年代頃、日本製タイヤが装着された日本車を購入したヨーロッパのライダーがまず最初にしなければならないこと、それはタイヤを欧州製に交換することだと言われたものなのに、今やブリヂストンはヨーロッパで1996年以降急激にシェアを拡大、2001年はついに売り上げトップなのだ。MotoGPにも参戦して上位に喰い込んでおり、進境著しいブリヂストンは、それぞれのタイヤの性格に適した技術を投入している。

F

BT-090 パターンのネガティブ比が小さいレース用タイヤで、ミドルクラス用のサイズ設定。パターンはサイド部の剛性を考慮したものとなっている。このBT-090はリヤにモノスパイラルベルト(0度ベルト)を採用(クロスプライでの補強は追加されている)するが、ビッグバイクレース用のBT-001の場合は、レーシングスリックと同じく、2プライのクロスベルト構造となっている。

R

BT-012SS サーキット走行用ながらレース専用ではなく、ワインディングやサーキットへの移動でも使えるという位置付けとなっている。そのためDBC(デュアル・ベルト・コンストラクション)を採用、ケブラーのモノスパイラルベルト(0度ベルト)の外側に、クラウン部を残して左右別々に1プライのクロスベルト(角度は60度)を重ねることで、直進時は0度ベルトの効果で高速安定性を、コーナリング時はクロスプライベルトの効果で高いグリップ性能を得ている。タイヤ設計には3D-CTDMという3次元的にタイヤを解析する手法を適用、バンク角によってリニアに移行する接地圧や横剛性が得られるようプロファイルを決定、BT-012SSはフロントのクラウン部のラジアスを小さくしたものとしている。また新採用のシリカリッチコンパウンドはシリカの配合率を高めたものである。

F

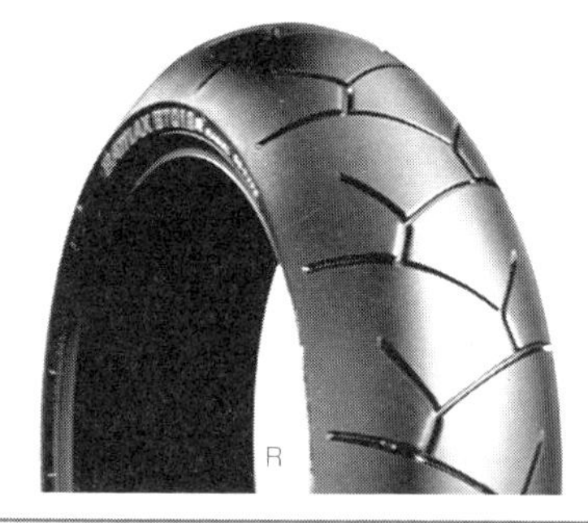
R

るとしよう。

まず、ゴムの摩耗のメカニズムを考えておこう。タイヤが滑ると、ゴムには横方向に引き裂こうとする剪断力が生じる。その剪断力によってゴムには細かい亀裂が生じ、少しずつちぎれて摩耗が進行していく。当然、スライド走行させたり、スライドまではいかなくても、加減速Gや横Gを大きく感じる走りでは摩耗は大きくなる。また

BT010 スポーツ度の高いストリート用スーパースポーツタイヤで、ブリヂストンでは新スタンダートと位置付けた。リヤにはケブラーの0度ベルトに内側に1プライのケブラークロスベルトを挿入、外側ではなく内側とすることで硬さを出さず、0度ベルトの良さを最大限発揮させつつも横方向の踏ん張りを得ている(ちなみにダンロップD208はこの構造を踏襲している)。コンパウンドにはシリカを配合、またゴム分子の方向性を一枚のトレッドゴムシートの中でセンター部は周方向に、ショルダー部にかけては横方向に配するようにコントロールしたDAC(デュアル·アラインド·コンパウンド)を採用している。プロファイルは、接地面を途切れさせない形状が検討されたもので、グリップ性能、コーナリング性能、ウェット性能、低タイヤノイズを高レベルで両立。3D-CTDMも適用され、ナチュラルな高性能を得ている。

F

R

BT020 ストリートからワインディングまでをこなすワイドレンジなツアラー指向のタイヤとして開発された。基本的な設計思想と技術手法はBT010から引き継いでいるが、リヤの構造は一般的なモノスパイラル(0度)ベルトとなっている。またプロファイルはリヤのクラウン部のラジアスを大きくして、直進安定性を向上させたものとなっている。プロファイルは、フロントのセンター部に角度の付いた溝をダブルに配してウェット性能と乗り心地を、サイドにかけては横方向のブロック形状としてニュートラルなハンドリングを得、リヤはサイド部に細い溝を加えることでウェット性能を向上させている。

F

R

ハイグリップなコンパウンドほど摩耗が早いのは、ゴムの変形も大きく、細かい亀裂が生じやすくなるためである。

ちょっと補足しておくと、そのとき亀裂でゴムが引きちぎられないように、ゴムの分子をつなぎ合わせて補強する働きがあるのが、カーボンブラックである。タイヤが黒いのは、カーボンブラックをゴムを練り合わせるときに混入するためなのだ。ま

●高性能タイヤに見る技術的特徴②ダンロップ

ダンロップのビッグバイク用ラジアルタイヤについては、D208、D208GP、D220STの特徴を述べる。D208はサーキット走行、レース用のハイグリップバージョンで、D208GPはそのストリートバージョンという位置付け。そしてD220STは、それらよりも高速安定性、耐摩耗性、ウェットグリップを重視したツアラー指向の強いものとなっている。それぞれに狙った性格を実現するため、コンパウンドにも内部構造にも特徴が見られるし、トレッドプロファイルも後者のストリート指向の強いものほどネガティブ比が大きなものとなっている。特にD208GPは、D208とパターンそのものは酷似するものの、ピッチは粗く、溝幅も小さいものとしている。

F

TT100GP このタイヤは1970年代のバイクに適応したサイズが設定されているバイアスタイヤである。かつてのTT100の伝統のパターンを継承、深い溝も特徴であるが、かつてのものよりはるかに高い性能を備えている。プロファイルのラジアスにはサイズによってシングルとダブルを使い分けて最適化、コンパウンドにも最新の技術が投入されている。

R

D220ST リヤのジョイントレスベルトにFS（フレキシブルスチール）コードを採用している。これは、同じスチールベルトであっても、スチールワイヤーにゴムをコーティングしていることが特徴で、ワイヤー3本撚りのものを3本まとめてコードとしている。これによって、スチールコードの持つ高い安定性や旋回性に加え、しなやかさを得ているのだ。プロファイルはフロントがシングルラジアス、リヤはクラウン部のラジアスを大きくして高速安定性を向上させている。プロファイル設計にはCTCSを発展させたCTCS-Ⅱを採用、これはカーカスだけでなくジョイントレスベルトの強力をもコントロールするというものである。コンパウンドはシリカと超微粒子カーボンを配合している。

F

R

た、カーボンブラックに代えて用いられるようになっているシリカには、低温時の特性をしなやかにする働きがある。

摩耗が進行するとどうなるであろう。ドライ路面ならグリップ力には影響なく、溝が完全になくなって実接地面積が大きくなれば、むしろグリップ力は大きくなる。また溝が浅くなると、たとえグリップ力は変わらなくても、トレッド剛性が上がって

D208GP　リヤタイヤは0度ベルト構造ではなく、同社のレーシングタイヤと同じ構造のクロスプライのアラミドベルトを採用、極限のコーナリング性能を追求している。基本プロファイルはフロントがシングルラジアスで、リヤはダブルラジアス。プロファイル設計にはダンロップ独自のCTCS(カーカス・テンション・コントロール・システム)を採用、これはカーカスの張力をクラウン部は低く、サイド部では高めるようにプロファイルを設計するというものだ。コンパウンドはシリカを配合せず温度適応範囲は狭いが、絶対グリップは高く、ソフトとハードの2種を用意することで条件の違いに適応させている。

F

R

D208　レーヨンのラジアルカーカスを持つリヤタイヤには、アラミドのジョイントレスベルト(0度ベルト)の内側に、1プライのアラミドクロスベルトを挿入。ストリート用タイヤにふさわしい0度ベルトの特性に、横方向の踏ん張りを加えたものとしている。またフロントは一般的な2プライクロスベルト構造だが、アラミドコードを通常より細くしてしなやかさを出している。プロファイルは、フロントにレーシングタイプに近いシングルラジアス、リヤもD208GPとは異なりシングルラジアスとしている。トレッドパターンは、バンク角が深くなるに従い横力が増すという二輪タイヤの宿命を考慮、作用力と平行に溝を配することでショルダー部ほど溝は横向きとなっており、トレッド剛性と耐偏摩耗性を向上している。また、ネガティブ比はD208GPより50%以上高められている。コンパウンドにはシリカと超微粒子カーボンを組み合わせて配合している。

F

R

コーナリングフォースの立ち上がりは良くなる。

もちろん、摩耗が進み過ぎてカーカスが見えるまで減ったのは論外としても、あまりにゴム層が薄くなるようだと、ゴムの変形量が減ってヒステリシス摩擦が小さくなり、路面の喰い込み効果も小さくなるので、グリップは悪くなる。ひどく表面が荒れ

●高性能タイヤに見る技術的特徴③ミシュラン

ラジアル構造のパイオニアであるミシュランは、1984年からリールドGPにラジアル技術を投入し始め、1987年に市販開始した世界初のフルラジアルA59X／M59Xには当初からリヤにアラミド製ジョイントレスベルト（0度ベルト）を採用していた。その後は、サーキット用のクロスプライ構造と、ストリート向きの0度ベルト構造という二つの技術の流れを取り入れながら進化している。ストリート用の、レース指向のパイロットレース、ワイディングスポーツのパイロットスポーツ、スポーツツーリング指向のパイロットロードの3つから成るパイロットシリーズを比較すると、これらの性格はパターンからも明らかであるが、それぞれに最適の技術が投入されているのが分かる。またプロファイルに注目すると、パイロットレースはサイドまで回り込んで深いバンク角でのグリップを確保、パイロットスポーツはゆったりとしたラジアスで素直な過渡特性を得、パイロットロードは小さなラジアスで高い運動性を得ようとしていることが見て取れるというものだ。これらの前後のプロファイルはよく似ているが、フロントは耐ブレーキング性能を考慮して後方から見て逆ハの字に、リヤはトラクション性能を考慮してハの字と、前後で向きが逆になるのも特徴的だ。

PIROT SPORT　ストリート用のハイグリップタイヤがパイロットスポーツだ。リヤにはパイロットレース同様ラジアルデルタ構造を採用するが、こちらは角度を75度とし材質もナイロンとして、0度ベルトの柔軟性を損なわないようにしたものとなっている。コンパウンドには、カーボンブラックに代わり技術的に困難とされたフルシリカを採用している。なお、300km/h超での高速耐久性を満足するPIROT SPORT HPXも追加されたが、これは前後に0度のジョイントレスベルトを採用している。

MACADAM 100X
リヤに0度ジョイントレスアラミドベルト、リヤには2プライのクロスベルトを採用するベーシックラジアルで、ワイドレンジな特性が特徴だ。シリカコンパウンドを採用する。

て摩耗すると、荒れが路面との間でコロの役割をしたり、偏摩耗していたら接地圧にも影響して、グリップは低下することになる。

でも、ストリートタイヤにとって一番の問題は、溝が浅くなって排水性が悪くなり、ウェットグリップが悪くなることである。特に厚い水膜に対して、水を排除する

PIROT RACE M2／S2　パイロットレースは1999年に登場、そして2002年にこのM2／S2が追加された。これは従来の標準タイプよりもさらにネガティブ比を小さく、プロファイルも設定バンク角を深くしており、サーキット性能を高めたものとなっている。フロントの構造は一般的なクロスプライベルトだが、リヤはミシュランお得意のラジアルデルタ構造となっている。これは0度ケブラーベルトの外側に45度の角度を持つ2プライのケブラークロスベルトを重ね、レーシングスリックのクロスベルトの良さに0度ベルトの良さを加えたものだ。M2はミディアム、S2はソフトコンパウンドで、極限のグリップ力を高めるためシリカは配合されておらず、公道使用は不可となっている。ただし、追加されたH2では、シリカ配合として温度適応範囲を広げており、公道走行に適したものとしている。

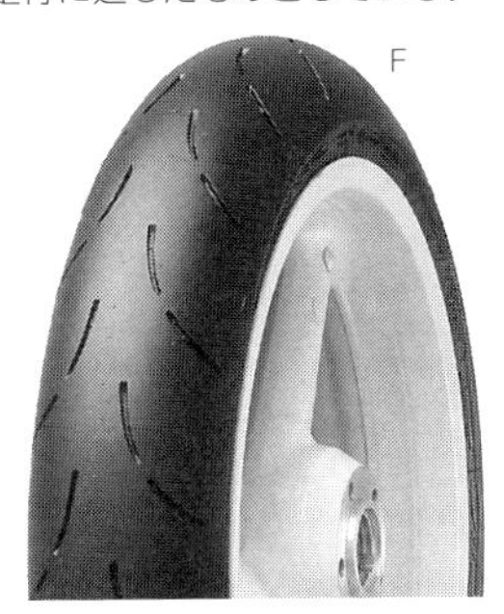
F

R

PIROT ROAD　ツアラー、ストリート指向のパイロットロードは、フロントにカーカスアングルを75度で2枚を重ねセミラジアル構造とし、リヤもサイズによって枚数を1枚か2枚かを選択、角度も最適化させたセミラジアル構造を採用している。これによって、バイアスタイヤの良さを取り入れたハンドリングを獲得、直進時からスムーズにコーナリングフォースが立ち上がる心地良く親しみやすいクイックな応答性を得ている。当然、ベルトは前後とも0度ジョイントレスで、コンパウンドはフルシリカである。フロントのトレッドパターンは、溝深さをセンター4mm、中間バンク域4.4mm、ショルダー部で3mmとして偏摩耗に対応、中央センターからショルダーに向かって溝をつなぎ排水性を向上。リヤは交互にショルダー端まで溝を切らないものとしてドライグリップも重視している。

F

R

ことができなくなる。また、溝の角が丸くなっただけでも、水切り効果は悪くなり、グリップが影響される。

タイヤには、ウェアインジケーターといって、部分的に溝を浅くして摩耗したときにパターンがつながって見えるようにし、寿命を示すサインが設けられている。残り溝深さが1.6mmのところでそれが現れるようになっており、その部分のサイドウォー

●高性能タイヤに見る技術的特徴④メッツラー

メッツラーは1992年にゼロディグリー（０度）スチールベルトをMEZ1、MEZ2のリヤに採用。そして1996年にはその後継モデルであるMEZ3とMEZ4のフロントにも０度スチールベルトを採用、それはレースでも実績を残している。従来からスチールベルトのメリットに注目していたメッツラーだが、トレッドがラウンドな二輪タイヤでは端部でのベルト剥離が生じる問題を０度ベルトとすることで解決、ベルトのコード間にゴム層ができるため外乱吸収性に富み、熱伝導性が良いためハイヒステリシスロスのコンパウンドを使用できるなどのメリットを生かしている。また、1987年に二輪タイヤとしては初のシリカコンパウンドも採用して、各タイヤに展開。またタイヤによっては、カーカスの新素材ペンテック（ポリエチレンナフタレート）をフロントに採用。ナイロンより高剛性かつ伸縮性に富むので、しなやかで吸収性に富み、スチールベルトに抱きがちな硬いイメージを払拭して余りある。

MEZ4　SPORTEC M1よりもさらにワイドレンジでスポーツツーリングにも対応できることは、ネガティブ比から見ても推測できよう。プロファイルはフロント、リヤ共にシングルラジアスで素直さを追求。バンキングに対してゆったりとした過渡特性を見せてくれる。シリカコンパウンドの採用で、グリップ性能と耐摩耗性、ウェット性能も高いレベルで両立させている。

ME33 Laser／ME55 Metronic
フロントのME33 Laserは1982年以降のロングセラーバイアスタイヤで、当時としては画期的な横方向グリーブのパターンを持っていた。リヤのME55またはME99Aと組み合わせれば、70～80年代の多くのモデルに対応できる。またME55にはサイズによってMBS（メッツラー・ベルト・システム）が採用されている。これはバイアスタイヤのトレッド部にクロスプライのケブラーベルトを使用したもので、いわゆるベルテッドバイアスと呼ばれるもの。83年にメッツラーが開発、その後のラジアル化への過渡期において他メーカーも採用した構造だ。

ル部に入っている小さい三角形のマークから、その位置を確認することができるようになっている。ここまで摩耗すると極端に排水性が悪くなり、ハイドロプレーニングの危険が増すことになるので、交換の目安になるのだ。

でも、たとえこれより摩耗が少なくても、実際はハンドリングへの影響がかなり出てくるものである。最も多いケースとして、一般道の走行ではどうしてもセンター部

ME-Z RENNSPORT　RENNSPORTとはドイツ語でレーシングスポーツという意味。つまり、プロダクションレース用のタイヤである。パターンもMEZ4の流れを汲むものの、カットスリック状となっている。当然フロントは0度スチールベルトで、カーカス材にはペンテックを採用している。プロファイルは、フロントはクラウン部のラジアスを小さくしたダブルラジアス、リヤはクラウン部だけでなくショルダー部もフルバンク時のグリップ性能を考慮してラジアスを小さくした複合ラジアスとしている。標準のRENNSPORTに加え、レース用にRS1/RS2/RS3という3種のハイグリップコンパウンドバージョンも揃えられた。

F

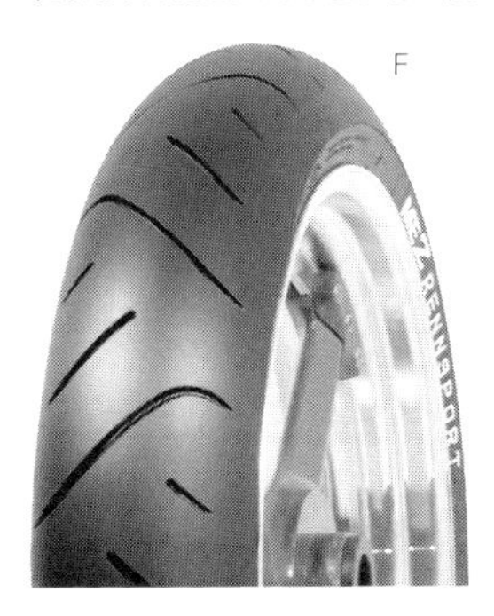

R

SPORTEC M1　RENNSPORT直系のストリートラジアルで、ウェットグリップなどを向上させワイドレンジな性格としている。プロファイルはRENNSPORTと同コンセプトのラジアスを持ち、フロントのカーカス材もペンテックである。コンパウンドには、シリカ・シラン・マトリックスという新配合のシリカ系を採用している。これはシラン溶液をシリカとカーボンブラックとのカップリング材として用いたもので、よりゴム分子の強化効果を向上させているという。また、0度ベルトのスチールコードを、センター部でピッチを広げ、ショルダー部ではピッチを狭くするという技術を新投入した。

F

R

の摩耗が進むため、プロファイルにも影響が出て、素直にバンキングさせることができなくなることがある。ラジアルタイヤではトレッドが固められているだけに、プロファイルの変化が如実に現れて、以前の細めのバイアスタイヤの場合よりも影響は深刻である。

また、トレッド溝には排水とともに、トレッドの剛性を調整しているという働きが

●高性能タイヤに見る技術的特徴⑤ピレリ

イタリアのピレリはドイツのメッツラーを1986年に買収、そのため技術的には非常に近しく、メッツラー同様、リヤだけでなくフロントにも採用するゼロディグリー(０度)スチールベルトをアイデンティティとしている。スチールはアラミド(ケブラー)とは異なり、曲げにも強さ(こわさ)を持っているため、フロントタイヤに要求される横方向の力に対しても踏ん張ってくれるのだ。また、フロントのカーカス材に、一般的なナイロンより高剛性かつ伸縮性に富むという素材ペンテックを採用していることも同様だ。ただし、スチールコードは0.2㎜のスチールワイヤーをメッツラーが４本撚り合わせるところ３本とし(共にそれを３本束ねてゴムでコーティングするのは同じ)、またフロントのラジアルカーカスは本来90度であるべきところ73～81度のセミラジアルとするなど独自性も見られ、リーンにリニアに接地感が高まる性格が明確となっており、味付けは微妙に異なっている。

DRAGON GTS
ツーリング指向を高めたGTSは、リヤのスチールベルトを2プライとして、高荷重状態での高速巡航に対応している。ハードな印象も受けるがスポーティで、シリカコンパウンドの採用もあって条件への対応性も高い。

DIABLO　EVOよりも、ネガティブ比を高めワイドレンジなストリート寄りの特性を持たされたタイヤがディアブロである。リヤのトレッドパターンは、クラウン部とショルダー部の溝を少なくしてトラクション性能と耐摩耗性、そしてコーナリング性能を高める一方、中間バンク角領域での溝を増やして排水性を高めている。シリカコンパウンド、カーカス材にペンテックも採用されている。

ある。溝が浅くなることでトレッドの剛性が上がれば、ハンドリングにクセが出ることがある。これによって、サイドウォールの剛性が負けるなど剛性バランスが崩れたり、コーナリングフォースの立ち上がりが良くなっても車体とのマッチングが悪くなって、高速安定性が悪化することもある。

オフロードタイヤの場合では、ブロックの角が丸くなると、土に噛み込む効果が薄

DRAGON SUPER CORSA　CORSAとはイタリア語でレーシングという意味。サーキット走行とレースを前提にしたタイヤで、パターンは基本形状こそEVOから引き継ぐものの、ネガティブ比はかなり低く、カットスリックと呼べるもの。絶対グリップ力を追求してコンパウンドにシリカは配合されないが、フロントには2種、リヤには3種が用意されている。メッツラーのRENNSPORT同様、スチールベルトの採用でソフトなコンパウンドの採用が可能になっており、低温時のグリップについても好評を得た。

F

R

DRAGON EVO／EVO CORSA　ストリート用スーパースポーツタイヤで、エボコルサはソフトコンパウンドを使用したハイグリップバージョンだ。従来型のドラゴン／ドラゴンコルサから1999年に発展した際、シリカ配合コンパウンド、またフロントカーカスに新素材のペンテックを採用、アングルも73度から81度とした。トレッドパターンは、クラウン部で幅が太く、ショルダー部にかけて細くなるVGS(バリアブル・グルーブ・セクション)を採用、排水性とトレッド剛性を両立させている。プロファイルはシングルラジアスで、他のタイヤよりも幅もハイトも小さめな設定となっている。なお、ペンテックの採用により70%扁平に対して柔軟性を損なうことなく65%への扁平化も実現している。従来型ドラゴンよりフレキシブルな特性となったEVOだが、セミラジアルの良さを発揮して、ダイレクトに接地感が伝わり、硬質でシャープな旋回性を見せるのが特徴だ。

F

R

ブリヂストン工場のタイヤ倉庫。タイヤは冷暗所で保管され、一定期間経過したものは流通されない。

サイドウォールの三角形マークによってウェアインジケーターの位置を知ることができる。

れるので、グリップは低下してしまう。

このようにタイヤは摩耗とともに本来の性能は失われていくのだが、摩耗さえしていなかったらOKというものでもない。

ゴムは劣化するからである。特に直射日光、高温、水分、オイルは大敵だ。タイヤのためにもバイクを保管するのは、直射日光の当たらない冷暗所が適している。ゴムの劣化に対して、タイヤワックスの類は必ずしも良くはないので、使用しないほうが無難である。僕の経験からいって、ワックス類を使用して長期保管したものは、劣化がゴム全体に進行し、とても怖くて走れないようなものが多いのである。

劣化したゴムは硬化しており、グリップが悪いというより、危険ですらある。まともなトレッドコンパウンドの物性を示さなくなっているので、もはや正常なグリップ特性を期待するのは無理というもの。長期にわたって使わなかったタイヤも要注意だが、これは軽いうちは硬化は表面だけで、一皮剥けば普通に走ることができることもある。そのために表面をヤスリ掛けするのも、場合によっては致し方ないだろう。

表面にオゾンクラックという細かいひび割れが生じることがある。これもゴムの劣化によるものなのだが、それが大きいクラックに発展することは、まずない。ただ、これが生じているということは、それだけ劣化が進んでいるということであり、グリップも幾らかは低下していることが考えられる。

なお、そうした劣化を防ぐために、コンパウンドには老化防止剤が混入されている。置いておくと表面ににじみ出てきて、表面が青光りしたり、タイヤと接する床の上に黒い跡が残ることがあるのはそのためなのだ。青光りしている表面も硬化していることは確かなので、その場合は一皮剥くまで慎重に走ってもらいたい。

■ホイールバランスの話

タイヤを新品に換えたときは気持ちのいいものである。足回りがリフレッシュされた気分で、新鮮な走りが楽しめそうな気がしてくるものだ。特にあまり普段の手入れが良くないバイクだと、ホイールを外したときしか手が届かないようなところもきれいになって、その意味でも気持ちがいいものである。

でも、新品タイヤは嬉しくても最初は慎重に！　ハンドリングも交換前とは違っているだろうし、表面は離型剤が残っていて滑りやすく、レーサーでは新品タイヤで走り出す前に、表面をアセトンで拭くぐらいである。そしてタイヤも慣らしが必要である。リム組み状態を馴染ませ、トレッド面の当り付けをし、タイヤ内部もゴムとカーカスを馴染ませるのである。もっとも高速道路を合法的に走るぐらいだったら、それで十分に慣らしになるので、あえて慣らしに気を使うこともないのだが。

さて、タイヤを交換してもらうと、リムに付けてある錘の位置が変わっているはずである。これはホイールバランスを取り直したためである。ホイール全体で回転方向に部分的に重いところがないように、軽い部分に錘を付けているのだ。ここでは、このホイールバランスがテーマである。

まずタイヤを見てもらおう。サイドウォールの左側には丸印の黄色いマークが一つあるはずである。タイヤにリムを組み付けるときは、そのマークをホイールのバルブのあるところに持ってくるのが基本だ。

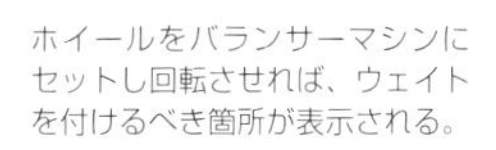
ホイールをバランサーマシンにセットし回転させれば、ウェイトを付けるべき箇所が表示される。

タイヤのウェイトマークをエアバルブの所に合わせてセットする。リムにはバランサーウェイトが装着されている。

この黄色のマークのことを軽点マークという。タイヤは回転方向に重量的にアンバランスがないのが理想だが、やはり完璧には無理である。そこでタイヤ工場ではタイヤ完成後、測定台の上にタイヤを置き、重量バランスをチェックして、一番軽いところに黄色のマークをマーキングしているのだ。

当然、ホイールは重量的アンバランスがないはずで、実際、最近のものはイタリア製のマグネシウムホイールも含め、品質管理がよく、かなりバランスが取れているのだが、それでもどうしてもバルブの部分は、その重量でその部分が重くなってしまう。そこで、タイヤの軽点マークをバルブの位置に合わせてやるというわけである。

そうすることで、リム部に取り付けるバランサーウェイトは最小限の重さで済むことになる。バランサーの位置がバルブ側かその反対側になるか、それともその中間位置か、それはタイヤとホイールの相性次第といったところである。

そのバランスを取るのは簡単だ。ホイールにシャフトを通し、その両端をホイールが回転できるところに支持してやる。ホイールをゆっくり回して手を放すと、重いところが下の位置にくるはずだ。そこで、上の位置に止まった軽い部分にウェイトを取り付け、それを繰り返していくのだ。もし、ウェイトが90度ぐらい離れた位置に分散して付くようだったら、それは一ケ所に小さい重量にまとめることができるはずである。ウェイトはリムのサイド部ではなく中央部に取り付けることも大切である。

タイヤショップではバランサーマシンを使っているところが多いが、理屈は一緒である。こうして取ったバランスが静的(スタティック)バランスである。ホイールが回転しない静的な状態ではこれでOKである。

四輪車では動的(ダイナミック)バランスを取ることも必要になってくる。もし片側で重さが右側に集中していて、その反対側は左側に集中していたとする。これでも静的にはバランスが取れているのだが、ホイールを回転させると、軸を傾けようとする力が回転の周期に合わせて生じてしまう。静的バランスが取れていないと縦方向に振動するが、動的バランスが取れていないと、タイヤは横方向に振動してしまうことになる。動的バランスを取るには、ウェイトを左右に振り分けていくことになるのだが、この作業はバランサーマシンが必要となる。

この動的バランスは、あまりバイクには適用していないのが現状である。もっとも、フロントならリム幅3.5インチ程度で幅も狭く、動的アンバランスも出にくいのだが、リッターバイクのリヤの幅ときたら並みの四輪車ほどあるから、動的バランスを取っても不思議ではないところである。ホイールやタイヤの精度とか形状のおかげなのか、リヤアームでしっかり支持しているせいなのか、そこまでの要求はないようである。

でも、フロントは静的バランスが悪いと、症状がはっきりと出てくる。四輪車のフロントの動的バランスが狂ったときのように、ステアリングがブレることは少なくても、悪い路面を通過したときのようなゴトゴトとした振動感が、高速で出ることがあるのだ。また、コーナーでフロントフォークの作動性が悪くなって跳ねるような兆候が出ることもある。

ホイールバランスは、タイヤが摩耗してくることで狂ってくることもある。タイヤの寿命が半分ぐらい来たところで、自分でホイールを外し、シャフトを通してバランスを合わせ直すのも悪くないはずである。

■タイヤのエア圧の話

ここまで読んでこられた人は、書いた本人がいうのも何だが、タイヤについての知識はちょっとしたもののはずである。でも、肝心であるが初歩的なことを忘れないでほしい。それはエア圧をしっかり合わせるということだ。タイヤは内部にエアをインフレートして初めて機能する。そして、バイクはエア圧のわずかな違いでがらりと走りを変えてしまうものである。

まず、エア圧の影響について考えてみるとしよう。

長い間、エア圧のチェックをせずに走っていて、それを正規に合わせたとき、ハンドリングの違いに驚かれた方も多いことと思う。おそらく、ハンドリングが軽快になり、寝かし込みも抵抗感なく軽くなったのではないだろうか。エア圧が低いと、タイヤが変形して接地面積が大きくなり、接地圧も接地面の周辺部が高くなるので、ハンドリングは粘って重くなる。また、オーバーターニングモーメントが大きくなり、寝かしにくくなってしまう。

タイヤやバルブが完調でも、経験からいって、最低1ヵ月に一度はエア圧チェックをしたいものである。私が雑誌のテストをするときでも、完全整備であるべきバイクのエア圧が下がっていることもままあって、そんなときは10mも走ればそのことに気が付いてしまうほど、ハンドリングへの影響が大きいものなのだ。

タイヤが発生する曲がる力であるコーナリングフォースは、グリップ力とタイヤのねじれ変形の抵抗力で決まってくる。エア圧が低いと、その抵抗力が小さく踏ん張れないので、コーナリングフォースの最大値は小さくなる。でも、通常走行域であれば、接地面積が増えてグリップ力が大きくなるので、抵抗力が小さくなっても、コーナリングフォースの立ち上がりはそれほど変わらないものである。そのおかげで、少々ならエア圧がおかしくても、普通に走ることはできるのである。

またウェット路面では、水膜の浅い小降りのコンディションなら、少々ならエア圧が低くてトレッド剛性が下がり水切り効果が悪くなっても、反面、接地面積が上がってグリップも上がることで相殺され、エア圧のグリップ力への影響はそれほど大きいわけではない。

でも水膜が厚いところでは、エア圧が低いと周辺部の接地圧が高い代わりに、中央部は接地圧が低くて水が溜まりやすく、ハイドロプレーニングの危険性は増す。エア圧が低くてひどく濡れたところに差しかかると、とたんに激しく滑ってしまうはずである。そんなわけで、雨のときはエア圧を高めにセットするのがベターといえよう。

エア圧は、最初に合わせれば後は半永久的に大丈夫というものではない。タイヤのインナーライナーにしろチューブにしろ、ゴムはミクロ的にはわずかにエアが通過している。そのため、定期的なエア圧の点検と調整が必要なのだ。

取扱説明書やコーションラベルには、何ケースかの推奨エア圧が記されているが、とりあえずは、マニュアルにある一人乗りの基準圧に合わせるのが基本だと考えて間違いない。何より、それがメーカーでハンドリングをテストするときのエア圧でもあるからだ。以前だと高速走行用に一般走行用よりも高いエア圧を設定していたこともあるし、二人乗り用の設定もあるのだが、それらは設計的に決められた値であって、それだとハンドリング上は高すぎることが多いのである。

問題はそれをどのタイミングで合わせてやるかである。走行前の常温時に空気圧を2.2kg/cm^{2}に合わせたとする。ところが、走行すると温度は上昇しエアは膨張しようとするのでエア圧は上がる。実際、高速走行すると2.6kg/cm^{2}やそこらになってしまうのだ。だから、高速道路を走ってサービスエリアに立ち寄り、そこでそのままエア圧を合わせたのでは、正規よりも0.4kg/cm^{2}も低い調整になりかねないのだ。

そんなわけで、自分でエアゲージを持っておいて、走行前に合わせてやりたいものだ。でも、どうしても出掛けてからエア圧が気になるようだったら、一度エアを抜いて、それから一気にエアを注入して調整してやるのがいいだろう。それとも、食事で

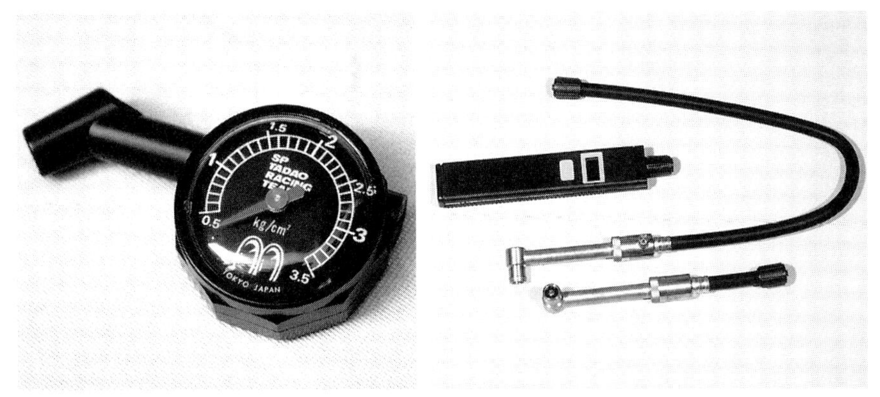

写真のSP忠男ブランドのエアゲージ(左)は普及版だが、ショップの本格的なものとの誤差を知っておけば十分に使用に耐える。米・シュライダー製のデジタルゲージ(右)はプロ用。

も済ませてタイヤを冷ましてからにすることだ。

そのエアゲージもカーショップなどで買ったものだと、0.1kg/cm²ぐらいは誤差があるものが多いはずである。でも、それも使いようだ。タイヤショップでしっかりしたエアゲージで計り、その場で自分のものと比較して、その誤差を知っておけばいいのだ。そして、それを使うときに誤差分を補正してやればいい。エア圧は0.1kg/cm²刻みで調整したいところだから、それぐらいの誤差にもこだわりたいものだ。

エア圧を調整するとき、冬場の寒いときに高めにするか、低めにするかが話題に上ることがある。でも、それはケースバイケースだ。タイヤの剛性不足感の出にくい軽量車であれば、低めに設定し、変形を大きくしてタイヤを暖めてやるのも一つの考え方である。そして、ある程度の温度上昇が見込める重量車なら、夏場ほど温度が上がらず走行中のエア圧が低くなりがちなことを見越して、最初高めにしておくということも考えられる。

いずれにせよ、これを調整するにしても、あくまでも標準値を基準としてプラスマイナス10%の範囲内で、細かく振ってみることが大切であろう。

バイクのハンドリングは、思いのほかエア圧の影響が大きいものである。サスのダンパー調整を1ノッチ変えてセッティングしているぐらいなら、ぜひエア圧も0.1kg/cm²変えてみてもらいたい。ひょっとするとメーカーの設定値よりも良いセッティングが見つかるかもしれないし、きっと自分好みのものを発見できるはずである。

4-2.OEMとリプレイスタイヤ

たとえ、見かけのパターンはタイヤショップで売られているタイヤと同じでも、新車に付いているタイヤは別物ということがよくある。トレッドコンパウンドや内部のカーカスの構造や材料が違った仕様になっているのだ。

タイヤの生い立ちを考えると、タイヤには二つの種類がある。

まず、あるモデルにマッチングするように、バイクメーカーがタイヤメーカーに作らせた専用のスペシャルタイヤである。これがOEM(オリジナル・エクイップメント)タイヤである。そのモデルにとっては、コンセプトを最高に引き出すベストマッチングのタイヤなのだ。その一方、タイヤメーカーがショップで販売するように一般市場に送り出すのが、リプレイスタイヤである。

こうした二種類のタイヤがあることは、ユーザーにとっては迷惑な話である。タイヤ交換のとき、新車のときと同じOEMタイヤを装着することは稀である。OEMタイヤはパーツとして手配すれば入手できるが、バイクショップでは扱っているのはリプレイス用であることがほとんどである。新車のときハンドリングが良くても、リプレイス用に換えたとたん、とんでもないものになってしまったということもあった。

でも、そのことも、バイクとタイヤの進歩を振り返ってみると、あながち否定すべきことばかりではない。

そもそもOEMタイヤは、ニューモデルが目標とする性能を満足させるために開発されてきたものである。高速安定性、高速耐久性、ウェットグリップなど特に安全上もクリアすべき問題をリプレイスタイヤで満足できないのなら、やむを得ないというものだ。でも、それがタイヤメーカーにとっても、技術の進歩として蓄積されてきたわけだ。ニューモデルが新しいタイヤサイズを必要とした経緯もあったのである。

その一方で、OEMタイヤがそのモデル特有の問題を対策するために、開発されてきたことも事実である。マシンの欠点をタイヤで辻褄合わせしてきたのだ。

たとえば、フロントヘビーで粘るようだったらフロントタイヤの剛性を上げ、切れ込むようだったらプロファイルのアールを大きくし、ウォブルが出るようだったらタイヤの剛性バランスを変えて共振する周期をずらす……というように、マシンで対策すべき問題をタイヤに負わせてきたのだ。かつてバイクメーカーにおいて操縦安定性テストといえば、タイヤテストがそのウェイトのほとんどを占めることさえあったのである。

そのため、リプレイス用とは別仕様となり、また他のモデル用とは別物という事態が生じてきたのだ。もちろん、タイヤメーカーはそうしたテスト結果をもとに、全てのモデルに満足できるような平均的な仕様をリプレイス用のものとして設定してきたわけで、そのことでタイヤが進歩してきたことも否めない。

ところが、歓迎すべきことに、こうした事態は、著しく改善されてきた。スペシャル仕様のOEMタイヤを開発しても、それはあくまでも車両コンセプトに合わせ完成度を高めるためのものである。例えば、ブリヂストンBT020のリヤのリプレイス用はナイロンコードの2プライだが、タイヤ表示の例として取り上げたXJR1300用では3プライとし、また2002年型ZZ-R1200ではナイロンより高剛性のレーヨン3プライとしてマッチングを図っているといった具合である。それに多くは、隠し味程度のもので、リプレイス用とは大きく異なり、別物であるといったことがなくなってきたのだ。

そればかりか、あえて専用のOEMタイヤを設定せず、テストをクリアした各社のリプレイスタイヤ全てをOEMとして承認するというモデルの例も出始めてきた。これはユーザーや市場でのサービスを考えてのことには違いないのだが、それだけバイクが進歩してきたということでもある。

近年になって、それぞれのカテゴリーにおいてバイクが進歩し、重量バランス、ディメンジョン、車体剛性といったハンドリング特性を左右する要素の理想的な方向性が確立してきた。そのため、それぞれのキャラクターに合ったタイヤであれば、モデルを選ばずマッチングが良くなってきて、スペシャルのOEMタイヤを開発する必要がなくなりつつあるというわけなのだ。

それでも、OEMタイヤがなくなったわけではない。お互いをより高いレベルに引き上げることで、バイクとしてさらなる完成度を目指すことができるのだ。ニューモデルに合わせて専用のニューパターンを起こすことも珍しくはない。

しかも、OEMタイヤを開発したノウハウは、確実に次期のリプレイスタイヤにフィードバックされていく。タイヤの完成度は高くなり、バイクメーカーもニューモデルの開発の際には、そうして生まれたリプレイスタイヤを基準にしてマシンを開発していくので、結局お互いのレベルが高くなり、マシンがタイヤを選ぶことも少なくなってきている。

そのため、一昔前のバイクに試乗すると、装着された現在のリプレイスタイヤのほうが、当時のOEMタイヤよりもマッチングが良好であると思われることもままあるのである。

マシンとタイヤが持ちつ持たれつのバイクは、お互いに要求を叩き付け合うことで、進歩してきた。レーサーになるとそれはさらに明白で、要求に応えるように開発されたタイヤにマッチングするマシンが開発されてきたことが、ポテンシャルアップを可能にしてきたのだ。さらには、それがライディングスタイルにも影響を及ぼしていく。

やはりバイクとは、タイヤがマシンに着いているのではなく、マシンがタイヤに着いているものと考えたほうが、より的を得ているといえないだろうか。

第2部
タイヤの性能を活かすライディング

ライディングの極意

せっかく学習したタイヤの性質もそれを活かせるかどうかはライディング次第である。ところが、ライディング、特にバイクのコーナリングは実に複雑であるかのように捉えられがちである。実際、寝かし込みの初期旋回、スロットルを開けていく二次旋回ではライダーの操作も生じるGも大きく異なるし、旋回中もバイクのホールドの仕方や身体の預け方、ステアリングへの力の掛け方など、いろんな要素が絡み合っている。そのことで、バイクの旋回性や接地感という情報の伝わり方、不意の挙動に対する対処の可否まで、大きく違ってくる。

こうしてみると、一見複雑に見えるので、ライダーが悩んでややこしくしていることはないだろうか。本当はライディングはもっと単純なものではないだろうか。でないと、高度にバイクを操ることも楽しむこともできないはずである。1990年に『ライディングの科学』(グランプリ出版)という本を出したが、ここでライディングをある意味で徹底的に複雑化させた。それに対する反省もあって、今、私は新しく一つの結論に達している。まず最初にそのことに触れてしまおう。それを前提に接地感というものを考えれば、もっともシンプルにライディングを理解することができると考えるからである。

肩を引っ張られてバイクを振り回す感覚で乗れ

まず言いたいのは、この項のタイトルどおり「肩を引っ張られてバイクを振り回す感覚で乗れ」ということである。錘にヒモをくくり付け手で持ってグルグルと回すが如く、コーナーでは何者かに首根っこか肩辺りをつかまれてバイクを旋回させている感覚であると言えばいいだろうか。遠心力でヒモにはピンと張力が掛かっているのと同じように、あたかも肩がイン側に向かって引っ張られているように感じながらコーナリングするのである。プロレスで足首を持たれて振り回されるジャイアントスイングならぬ、バイクスイングみたいなものである。

リラックスしながらも、肩はイン側に引っ張られている感覚。決してタンクに這いつくばってはいけない。

これが人間の旋回するという行為にとって、もっとも自然な感覚なのではないだろうか。これができれば、ここから述べる一連のコーナリングにおける操作、お尻と四肢への荷重の掛け具合、ステアリングに掛ける保舵力、ライディングフォーム、接地感の感じ方など、なすがままにこなせるはずなのである。

では、なぜこのようにすればいいのか、どうすればこうした感覚を得ることができるのか、そのことを理解してもらうためにも、コーナリングを力学的に考えていくとしよう。

簡単なため、定常円旋回で考えよう。バイクが旋回すると、そのまま直進させようとする慣性力、すなわち遠心力が外向きに生じる。そこで、その遠心力(横G)と重力が釣り合って接地点に向かって掛かるようにバイクをバンクさせないといけないわけだ。当然、遠心力と重力はライダーの身体にも生じている。加減速状態であれば、前後方向の加減速Gも生じる。

だから、身体に生じたG、すなわち慣性力をバイクに荷重することになる。第1部で触れてきたように、タイヤの特性は掛かる荷重によって支配される。バイクからタイヤに掛かる荷重は、ライダーによってコントロールすることはできないが、ライダーに生じる荷重は、ライダーがコントロールしてタイヤに伝えることができる。ライディングは荷重コントロールであるといわれるゆえんである。

同時に、バイクへの荷重の変化をライダーが感知できないと、真にコントロールすることはできないし、安心感も生まれない。当然ながら、ライダーの上体に生じる荷重のほとんどは、お尻からシートに荷重されることになる。そのため、お尻が押さえ付けられる感覚とか背骨の関節の圧迫感から、荷重を感知するのだといわれている。

でも、これはライディングにとって好ましい状態であるとはいえない。なぜなら、

お尻の皮とか脂肪への圧力感なんて鈍感極まりないし、関節へのデリケートな変化は伝わらない。その情報をもとに行動を起こすのは筋肉だから、反応にも時間が掛かる。本当は、荷重変化は筋肉で感じないといけない。筋肉が適度にリラックスした状態で変化を感じ取ることができるからこそ、迅速に反応することもできるのである。

そこで、筋肉(腰、腹部、胸部回りの筋肉)で荷重を支えてやる。身体でシートを押せば、その作用の反作用としてシートから身体は押し返されることになる。その反作用の力をお尻に留めるのではなく、肩や首根っこまで伝えてやるのだ。つまり、その力によって肩は何者かにイン側に向かって引っ張られ、バイクをスイングさせるような感覚が生まれるというわけである。

直線を一定速で走るときでも、身体が受ける重力は荷重されている。筋肉を完全には弛緩させず、軽く背筋を伸ばした姿勢を保つことが大切になる。一流ライダーは普段でも姿勢がよく、背筋が伸びてオーラを放っているように感じられることとも無関係とは思えないのだが、どうだろう。

そうやって乗れば、荷重の変化は即、筋肉に伝わる。タイヤが滑ればGは減少するのだから、筋肉に掛かるテンションは即弱まる。スッと抜けた感覚が伝わるはずである。また、肩がイン側に引っ張り込まれる感覚を保てば、荷重はシートのイン側と外足に掛かることになるはずだから(内足には荷重しようにもできないはずだ)、自然と外足荷重ができて、内脚は自然と開いた姿勢になる。リーンイン、リーンアウトだの、ハングオンだの、ライディングフォームに言及することは意味を持たない。自然と釣り合ったところに、収まるしかないからだ。

筋肉に伝わる荷重感覚がスッと抜けたら、人間は条件反射的にその荷重感覚を保とうとするものである。お尻への荷重を取り戻そうとする以前に、外足を踏ん張るはずだ。すると、そのままだとスリップダウンしようとするバイクは起こされ、自然と安定を保てる。フロントがスライドしても、すでに上体は筋肉で支えられているのだから、そのまま荷重をフロントに掛けてしまうことがないし、腕に掛かる荷重を保つように腕を伸ばせば、やはり安定を保つことができる。

何も意識することはないし、考えることもない。自然体でいいのだ。そして、進入のコントロールでも、こうした状況をつくり出しさえすればいいのだ。

寝かし込みを真にコントロールする

肩がイン側に引っ張り込まれるようにバイクを振り回すことができれば、もはや特別な進入テクニックも何も必要ない。ライディングは然るべきことをやっていけば、全て自ずと決まってくるものなのである。

■コーナーに飛び込め

先ほど述べたように、身体に張力が掛かった感覚が得られるように、バイクを旋回させ始めればいい。ここは身体に張力を感じて旋回させるためのお膳立てをするアプローチの部分であり、過渡期の部分でもある。そのためには進入に際し、あらかじめタイミング良く肩からコーナーに飛び込まなくてはならない。また、そのことが結果的に、フロントタイヤをいじめるGを抜重して、グリップ力を引き出し、バイクを効率良く最大限に曲げてやることになるのである。

コーナリングは、ブレーキングを開始したときから始まっている。ブレーキングを開始するまさにその瞬間は、身体が受ける前向きの慣性力によって急激なノーズダイブが起きないように、まずタイミング良く身体を起こし、そしてブレーキング中は後輪荷重を稼ぐためにシートの後方で身体をホールドしていても、マシンにきっかけを与えコーナーにアプローチするときは、その身体を燃料タンク一杯まで前方に移動しなくてはならない。

とはいっても、オンロードでは見た目には前方への移動は分かりにくい。でもオフ

前方へのダイブについては、ブレーキングによる慣性力のホールドをゆるめ、前方へ身体が放り出される状態を利用できる。

ロードライディングであれば進入時に身体を前方に移動させるアクションに現れているから、これを見ればヒントも掴みやすいだろう。

オンロードスポーツでは、ブレーキングを利用するのが有効で、慣性力によって前方に放り投げられないようにこらえていた身体を、そのホールドを緩めることで、身体をそのまま直進させてやるつもりで移動させてやればいいのだ。近年のレーシングマシンやスーパースポーツの燃料タンクが短くなってきたのも、そうしたコントロールを積極的にやるためでもある。Moto GPマシンのホンダRC211Vが燃料タンクを極端に短くしているのもそのためだ。

では、どうしてこうしたアクションが有効なのか。もちろん、これによってフロントに荷重が掛かりフロントの接地を高め、フロントを軸に向きを変えやすくする効果が得られることもある。でも、それ以上に、慣性力に対する抜重効果があるからだ。ブレーキングすれば前方に向かって慣性力が生じるが、身体を前方に移動することで抜重状態になり慣性力が荷重されない。

フロントタイヤのグリップ力の限界まで激しくブレーキングしていたとする。その状態でコーナーに進入する逆操舵のきっかけを与え、次にコーナーに向けてステアリングが切れて向きを変えていくとなると、コーナリングフォースを得るためにグリップ力が必要になり、グリップ力の限界を超えかねない。このため、特にウェット路面では、いわゆる握りゴケ(ブレーキレバーを握り過ぎて転倒という状況)しやすいのである。

それを避けるためにも、前方に身体を移動させながら、コーナーにアプローチする。具体的にその前方への移動では、きっかけのための逆操舵を伴うことになる。

コーナーに向かって飛び込めば、その反作用としてマシンは外側に倒されようとするから、それに対抗して、コーナー側に寝かし込む意味でも逆操舵は必要になる。

ただ、このときのコントロールに関して、イン側ステップを踏み込みマシンを寝かし込むと表現されることもあるが、それは力学的におかしい。そんなことをしたら、身体は外側上方に移動してしまうはずだ。コーナーに飛び込むために、イン側ステップを瞬間的に踏み込んだということなのである。

それはともかく、身体を前方に移動させながら逆操舵、そのときイン側の足には力が掛かり、それらがスムーズに移行し、ブレーキをリリース、コーナーに進入していく。フロントタイヤの発生するグリップ力もマシンを減速させる後向きのブレーキ力から、マシンを曲げる内向きのコーナリングフォースへと移行、途切れることはない。だから、フロント周りが大きく姿勢変化することもない。

また、以上のようにコーナーの手前でブレーキングしている場合だと、ブレーキングの慣性力に対するホールドを緩めることでコーナリングのアプローチが始まるのだが、もちろん、ブレーキングを伴わない場合では、こうした身体の動きをタイミング良く積極的にこなし、コーナーに飛び込んでいかなければならない。ブレーキングのきっかけがあったほうがアプローチしやすいのは、このためである。

こうしたアプローチコントロールには、バイクのカテゴリーを問わず共通しているものがある。イージーライディングでシートに座り込んでいるだけのように見えるアメリカンモデルでも、進入する瞬間はタイミングよく背筋がピンと伸びるものである。背筋を伸ばすことで、コーナーに飛び込んでいくのである。いわゆる“殿様乗り”も、そのことを指していると私は思っているほどである。足を前方に投げ出したフォワードコントロールでも、ステップワークは同様である。

もちろん、モトクロスではコーナーアプローチで身体を前方に移動、イン足を出すのは寝かし込み過程に入ってからだし、トライアルでは、大きい舵角を与えての旋回に入りたいとき、腰を前方アウト側に移動してリーンアウトに身構えることでステアリングを曲がりたい方向に向けている。これらの動作では、より顕著にコントロールが見て取れるはずである。

そこで、極意である。

それは前方に身体を移動し、実際にコーナーに向かって飛び込んで寝かし込む寸前のほんの一瞬のタメである。マシンがほんのわずかに寝始めて向きが変わり始めたとき、身体が前方に移動する状態が続いていたら、マシンを起こそうとする外向きの慣性力が抜重されて、バランスを保つべくマシンのステアリングはもっと切れようとするはずだ。そのことで舵角を入れた(ハンドルが切れた)感覚をイン側のハンドルグリップから掴むのだ。

そのことで、外足とイン側グリップでマシンを感じ取っている状態ができあがり、お膳立てが揃うのだ。

■寝かし込み過程でバイクは向きを変える

バイクのステアリングは倒れた方向に切れてバランスを取る機能を持っており、小刻みにバランスを取り続けることで倒れずに走り続けることができる。またコーナーでは、リーンさせた方向にステアリングが切れて旋回できる。倒れそうになるバイクをバランスさせるためにステアリングが切れるのだし、バイクのステアリングには寝かし込んでいくだけで、実舵角が大きくなっていく性質もあるのだから、バイクはこの寝かし込み過程で向きを変えてくれるようにできているのだ。

そのため、いかにしてバイクに備わった性質を邪魔せずに引き出してやるかが求められることになる。いかに曲がるためのグリップ力を生み出し、フロントタイヤを押し出さないようにするかが大切になる。でも、うまくできたもので、フロントに負担を掛けなければ、それだけ曲がるようにできているものなのだ。

ここで大切になるのは、いかに外足に荷重を残したままイン側に身体を移動できるかということになろうか。矛盾しているように思われるかもしれないが、肩幅で床の上に立ち、片方の足の力を抜けば、その方向に片足立ちの状態で身体が移動していくことを考えてもらえれば、納得できるだろう。先ほどのアプローチはそのためにも大切になるのだ。また、その過程で場合によっては、外足の荷重が足裏より少々イン寄りのひざからの荷重となり、あたかもひざでマシンを倒し込むような感覚となることもある。

そうすることで、イン側に移動していく身体にバランスさせるようにステアリング

カタルニアサーキットのヘアピンに向かって、フロントに舵角が付いて切り込んでいくところ。このときバイクは大きく向きを変える。装着タイヤはダンロップD208。

が切れて、より曲がる状況が生み出せる。ここで内足から荷重するのは、せっかく移動できる身体に突っかい棒を入れるようなものだから、曲がらなくしていることになるのだ。また、そのことで外足によるマシンホールドがより完全なものになり、ステアリングの動きを殺さず、フロントを押し出すこともなくなる。

もし、腕を突っ張り、逆操舵しながらフルバンクに持ち込むような乗り方(いわゆるコジるということ)をしていれば、ステアリングがコーナーに向けて切れるのを邪魔していることになり、曲がるための力であるコーナリングフォースが生まれにくいし、曲がり始めることで生じる外向きの慣性力＝遠心力をそのままステアリングに荷重することになって、フロントからのスリップダウンの危険性も高まる。

うまく乗れば、あたかも身体の下でマシンは重力の力を借りてゴローンとした感じでリーンし、ステアリングはグラーンと切れて、フロントタイヤはゴロゴロとストレスなくイン側に切れ込んでいく。そんなマシンなりの最高の旋回性を感じることができるはずなのである。

そして、もう一つは、寝かし込みながら、イン側の腰を前方に突き出すように捻り込むことである。そうすることで、曲がり始めるバイクに対し腰の向きは直進を続けてやることになり、遠心力の抜重効果が生まれる。遠心力が生まれることによって、マシンはそれ以上向きを変える必要がなくなるのだが、抜重することで、さらにマシンは旋回性を高め、同時にホールド感を高めることもできるというわけだ。もちろん、そのことも、フルバンク状態に達したときに、肩が引っ張り込まれるバランス状態に持ち込めるようにするだけのことである。

アプローチからここまでのマシンコントロールは、ステップワークにも現れてくる。逆操舵する段階ではコーナー側に倒れようとすることに抵抗して外足に荷重、内足は踏み換える感じとなり、寝かし込みの前には内足を踏み込む。そして寝かし込んでいくときは、外足に荷重し内足を前方に踏み出し、腰を前方に突き出していく感じとなるのである。

さらに、ここでも極意に発展させていこう。

すでにステアリングに舵角を付けた感覚を得ているのだが、その舵角によってマシンは明確にイン側に向かって切り込んでいこうとしているはずだ。となると、否応なしにタメを入れていた身体はその旋回に遅れないように、旋回方向に飛び込まざるを得ない。そのことで、生じる遠心力に対して身体をイン側に引っ張り込もうという感覚も得られる。お膳立てが揃えば、あとは自然に身体が動くということだ。

しかも、最初に舵角が入っていれば、寝かし込みとともに、フロントの接地感はみずみずしくハンドルグリップに伝わってくる。もし、寝かし込みながら自動操舵に依存して向きを変え始めるだけでは、操舵角が大きくなるとともに、バンク角増大に

リヤへの荷重感覚が高まることで安心感も高まる。

よって実舵角も大きくなって、コーナリングフォースも急激に高まるので(そのことによって向きを変えることもできるのだが)、接地感はなかなか掴みづらいものもある。でも、最初に舵角が付いていれば、寝かし込みとともに自動操舵機能によってステアリングがイン側に切れようとし押し舵の保舵力が高まっていくことが、それはもうリアルにイン側グリップに感じられるようになる。そのときは切れたステアリングを戻しながらフルバンクに持ち込んでいく感覚と表現してもいいだろう。お膳立て次第で、保舵力による接地感も高まってくるのだ。

■リヤに荷重していく

くどくどと述べたが、要するに、コーナーに飛び込んで、スムーズに旋回中に肩が引っ張られる感覚に移行していくだけのことなのである。そして、肩から上体を突き出すようにコーナーに飛び込んでいけば、慣性力が高まるとともに筋肉には荷重感覚が生まれてくるはずである。それに伴い、お尻からシートへの荷重感覚も高まっていく。

ただ、寝かし込みでは重力に任せてバイクが自然に寝ていくだけで、ステアリングは切れて狙ったライン上をただただ転がっていくだけであるとは言え、フルバンクが近づくにしたがいフロントの負担がどんどん高まることは避けられない。そこで、荷重をリヤに移動させていくことになる。いや、バイクは常にお尻の下でリヤタイヤを感じながらライディングするものであるのだからして、フロントに集中していた荷重と意識をリヤに戻してやると言ったほうが適当だろうか。

ともかく、ここでのコントロールを極端な表現で表すと、あたかもウイリーさせるがごとくハンドルをリフトするように、抱え込んだハンドルを持ち上げるような感覚

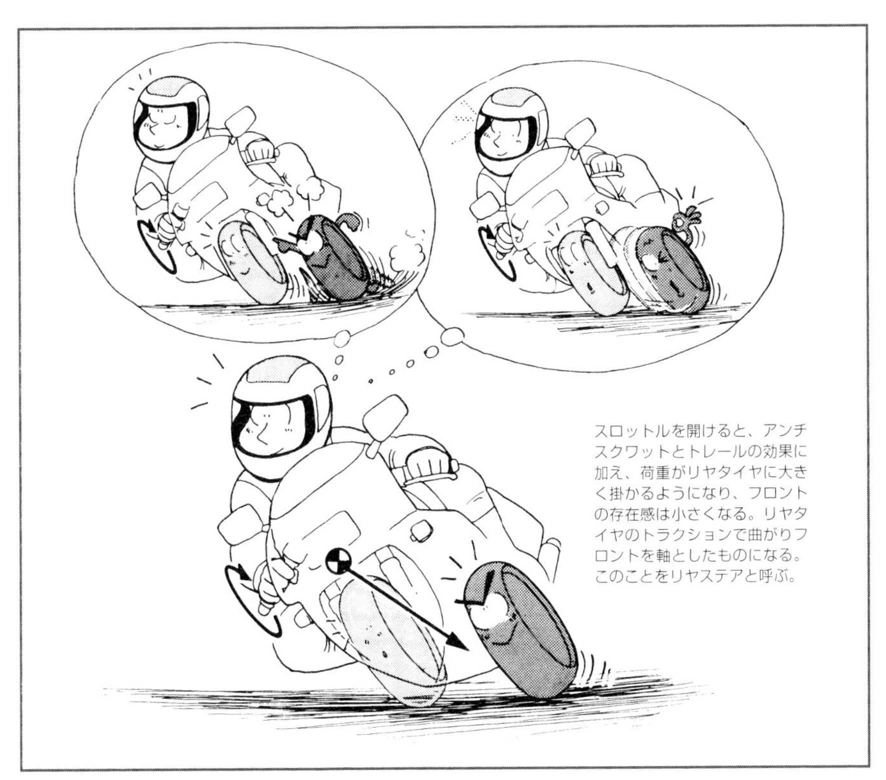

で、バンキングを止めてやるといったところであろうか。背筋力を使ってフロントから荷重を抜きながらリヤに荷重していくような感じとなる。外足荷重をしっかり効かせたまま、お尻からシートへの荷重が高まっていくのだ。

ここで重要になるのが、スロットルワークである。スロットルをわずかでも開け、加速状態とすることで荷重をフロントからリヤに移動してリヤに荷重しやすくなるし、またチェーンに張力を掛けるだけでも、スイングアームまわりのジオメトリーによってタイヤを路面に押しつけるアンチスクワット効果も生まれて、リヤタイヤの状態はダイレクトに伝わってくるようになる。また、最初に舵角を入れるお膳立てができていればいるほど、寝かし込みとともに荷重感覚は高まり、スロットルを利用してそれを高めてやるのが、自然な流れとしてできるようになるはずである。

そのことで、意外なほどの安心感に包まれていく。トラクションの掛け方次第でバイクをコントロールできるようにもなり、アンコントローラブルなフロントへの負担が小さくなるからである。何よりリヤへの荷重感覚がピシッと生まれ、リヤからの情報回路も復活してくれるのだから、たまらない快感なのである。

ライディングに関する疑問に答える

ライディングについてちょっとした正しい認識を持てば、驚くほどバイクはタイヤの接地感を伝えてくれるものだし、そのことで不思議なほど不安は吹っ飛ぶものである。ここでは、ライダーが覚えやすい不安や疑問に答えていく形で、ライディングを考えていきたい。

なぜバイクに乗ることを恐いと感じるのか？

そもそもライディングに対する恐怖というものの原因を探ってみよう。それはバランスによるものと、タイヤのグリップ感によるものの二つがあると思われる。バランスによるものは、そのまま倒れてしまうのではないかという不安、そしてタイヤのグリップによるものとは、タイヤが滑って転んでしまうのではないかという不安である。

この本でのテーマはタイヤのグリップによる不安を解消することにあるのだが、ここでスピードからくる恐怖を挙げなかったことに疑問を持たれた方も多いのではないかと思う。でも、それはあくまで二次的なものであるというのが、私の考えである。

もちろん、スピード感覚とか動体視力には個人差があり、さらにどれだけ優れた感覚の持ち主であっても、最初は未知のスピードに戸惑いや恐怖はある。でも、そのことに関しては時間の差こそあれ、慣れてくるものである。

バランスとかグリップをしっかりコントロールしているという自信があれば、スピードによる恐怖は克服できるのではないだろうか。どれだけスピードが出ていようとも、そこでバイクをコントロールできていて、自分のやっていることが危険でないと確信できるなら、恐怖感など湧きようがないのだ。

私の場合にしても、かつてサーキットを限界まで攻めてマークしたラップタイムを、その後に進化したマシンとタイヤであれば破ることができる。現役ライダーだった私がスピード感覚の限界だと思っていたスピードを、引退して普段それほど高速に馴染んでいなくても、また年齢的に厳しくなっているはずなのに、上回ることもできる。思うにスピード感覚というのは、かなりのところテクニックに後から着いてくるものなのである。

確かにライディングには少なからず恐怖感がつきまとう。ときには、自分の殻を破る勇気も必要である。でも、憶病者だからバイクには向いていないとは決して思わないでいただきたいと思う。

そもそも、恐いと思うことはやってはいけないことなのだ。恐怖感というのは、生き物が自分自身を守り生き延びていくために、神様が授けてくださった大切な本能である。むしろ恐いと思うあなたは、バイクライディングに関しての健全で繊細な感覚を持っているということでもある。だから大いに自信を持つべきである。

バイクに目覚めたライダーを襲う快感、多くの場合、それはスリルという言葉で表現できる類のものではないだろうか。今まで体験できなかったスピードを身体を剥き出しにして体感できるスリル、バイクを寝かせてバランスの限界に挑むコーナリングのスリル、これらはバイクの大きな魅力でもある。

もちろん、スリルも限界を超えてしまうと、恐怖に変わる。スリルはライダーが自信をもって大丈夫と踏んでいる状況であるとするなら、恐怖はそうではないのだから、スリルとして楽しめるようにバイクをコントロール下に置き、スリルと恐怖感のデッドラインに挑むという意味では、このスリルを味わうこともスポーツであろう。

でも、スリルを味わうことそのものが、スポーツだとは限らない。非日常的なスピードも路面ぎりぎりのところで味わうコーナリングスピードも、慣れるにしたがい感動は失せていく。スピード感というのは慣れでどうにでもなるし、それが当り前に得られるものとなってくれば、もはやスリルでも何でもなくなってしまう。第一、スリルとして楽しめるジェットコースターやバンジージャンプを誰がスポーツと認めよう。なぜなら、それらにはスリルとか恐怖を克服するために自分に課せられた術は何もないからである。

バイクにとってスポーツ性とは、スピードが出るとか、コーナリングが速いとかといったことではない。バイクは、危険なものを自分自身の術によって安全なものに変えることができるからこそ、スポーツになり得るのである。

そして、バイクはいつ暴発するか分からないような気紛れな爆弾なんかではない。ましてバイクに乗る人の多くは、バイクの危険性を認めながらも、自分が危険なことをしているとは思っていないはずである。でなかったら、楽しめるわけがない。

バイクは、正しく乗れば危険でないようになっており、危険であることをライダーにフィードバックもしてくれる実に従順な乗り物であるからだ。そして、うまく乗れば乗るほど、それに応えてくれる素晴らしい乗り物なのである。

バイクが倒れるのではと不安なんです……

確かにこの問題は、直接この本のテーマではないのだけれど、バイクに乗り始めた人にとっては深刻なことのはずである。いやビギナーだけではない。ベテラン面していても小柄な私にとっては、足着き性が厳しい場合、それだけで街中走行がおっくうになるし、精神的なプレッシャーで楽しさはどこへやらである。正直言って、シートが低いだけで安心感が生まれ、バイクを身近に感じて楽しむことができるぐらいなのだから、これは走り出す以前のバイクにとって大切なポイントでもあるはずである。

もちろん、走り出しても、そのスピードが遅ければ遅いほど、そうした問題は付きまとう。バイクは倒れないようにバランスを保つ必要があるからだ。

バイクには、倒れようとした方向にステアリングが自動的に切れようとする性質がある。直進中、右に倒れそうになったら、ひとりでにステアリングが右に切れて、一瞬バイクをそちらの方向に進めることで、バランスを保とうとしてくれるのだ。これを私は、バイクの自動操舵機能と呼んでいる。手のひらの上に棒を立てて倒さないように動かし、バランスを取るのと同じ理屈だ。だから、バイクは倒れずに走り続けることができるし、手放しでも走れるのだ。

だから、肩の力を抜いてステアリングの自由な動きを妨げず、バイクのバランス機能である自動操舵機能を殺さないようにすることが、何よりも大切なライディングの

背骨には多くの関節があり、人間の上体は柔軟である。そのためリラックスしていれば荷重をやわらげて伝えることができる。だから、下半身のホールドをしっかりして、下半身から荷重するとバイクは安定しやすい。腕から荷重すると荷重の急激な変化もそのまま伝えてしまう。

コツであるわけだ。
自転車に乗れるようになった子供のときの記憶をたどれば、そのことがよく理解できるというものである。最初は必死にバランスを保とうと悪戦苦闘したであろうに、バランスを取ろうという意識が消えるほどに安定し出したはずである。意識することが自転車そのもののバランス機能を殺してしまうのである。
とは分かっていても、ちょっとしたことで身体に力が入ってしまっているのが人間の性というものだ。まあ、無意識に反応してしまう自分を完全にコントロールできれば、その人は何ごとにおいても達人であろう。乗り慣れた小さいバイクならよいが、先ほども言ったように、小柄な私なんぞ、足着き性の悪いビッグバイクに乗ると、急に不安になって身体が硬くなってしまうことも多いのだ。
それで砂利道に入ってしまったり、狭いところでUターンしようとして、背中に冷や汗をかくような状況になると、ますます身体が硬くなって転倒(これはむしろいわゆる立ちゴケ状態だ)というシーンもたまに見かける。そんなときのライダーを見ていると、バイクが倒れ掛けても身体を硬くしたまま何もできないでいることが多い。身体の力を抜いてステアリングが切れるがままにして、ほんの少しだけスロットルを当てることができれば、転ばずにすむのに、である。
バイクのバランス機能を生かすという問題は、どこまで上達しても、それぞれのレベルに応じて、常につきまとうことでもある。街中で実にうまいライダーでも、コーナーを攻めようとした途端、要らぬところに力が入ってしまっていることもある。うまく走ろうという意識が、身体に力を入れさせてしまうのである。
バランスの問題だけでない。テーマであるグリップというものを感じ、コントロールすることに関しても、リラックスすることが何より大切である。要らぬ力が抜けていればいるほど、わずかなインフォメーションも見逃さないし、的確にタイヤに荷重を与えてグリップ力を引き出すこともできるのである。
いかにリラックスできるか。とにかくこのことは、バイクに乗る以上、永遠のテーマであり続けることでもあるのだ。

バイクってタイヤが滑ったらどうしようもないのでは？

ことタイヤのグリップに関することは、ライディングに関する悩みとか疑問の筆頭に挙げられることではないだろうか。
タイヤが滑りそうで恐いのだが、そうなるという確信があるわけでもないし、事実同じタイヤとマシンで早くコーナーを抜けていくヤツもいる。だからといって、どう対処してよいのか分からない。リヤ荷重にしたほうがフロントのグリップが良いという人もいるが、そうするとフロントからスリップダウンしそう。フロントブレーキを使って進入でフロントを喰い付かせるというけど、すると転んでしまった。荷重をかけることでタイヤを喰い付かせるといわれても、逆に滑ってしまう、という具合にである。

タイヤはマシンと路面をつなぐ接点であり、ここでのグリップ力いかんでバイクの運動は決まってしまう。走り、曲がり、止まることができるのは、タイヤがグリップしてくれるおかげである。それにグリップというのは一見掴みどころがなく、タイヤがグリップしてくれているか、滑ってしまうかという判断は難しいものである。それも、赤ん坊の手のひらよりも小さい路面との接地面でのことなのである。

だから、そのことが不安の元になっても不思議ではない。乗り始めて日が浅く何も知らないうちはよくても、恐さを経験するほどにそれが足を引っ張り始めるケースもある。事実、こうした疑問は、私自身悩まされてきたことでもあるのだ。

でも、バイクライディングとは、とどのつまりタイヤの性質をコントロールすることである。

そして、タイヤがマシンと路面をつなぐ接点であるから、それによってバイクの性格は大きく変わってくるし、それは足回りのセッティングばかりか、バイクの基本設計そのものに影響してくる。タイヤを交換したことで、そのことを痛感した人も多いことと思う。バイクとはタイヤ次第でどうにでもなってしまうのだ。

でも、安心していただきたい。タイヤのグリップはライダーがコントロールできるし、バイクもその状況をライダーに教えてくれているものなのだ。

バイクを寝かせるのが恐いのですが……

バイクに乗り始めて日の浅い人であれば、バイクを寝かせていこうとしたときに感じる不安は、そのままバイクが倒れ込んでしまうのではというバランス感覚によるものが大きいはずである。バイクを深く寝かし込んだところで、果たして、そこでちゃんとバランスを崩すことなく安定してくれるものか不安に感じてしまうのである。

でも、それは少しずつ慣れていけば、大丈夫である。少しずつコーナリングスピードを上げてコーナーに入りバンク角を深くしていっても、そこで意外と安定していることを発見して、自信を持てるようになってくればシメたものである。それはスリルに満ちた初めて知るコーナリングの醍醐味でもあるはずである。

そして、寝かし込んだままの状態でも、基本通り下半身でホールドし、肩の力を抜いていればステアリングの動きを殺すことはないし、身体の力を抜いていれば、ライダーの荷重はシートを通じてじんわりリヤに掛かるからバイクは安定しているし、ライダーにとって最も貴重な情報源となる荷重の変化というものを察知することもできる。そして何より、少々バイクの動きが乱れたとしても、それは身体の柔軟性が吸収してくれるはずである。

ただ、そこそこの上級者でも、その日のコンディションが悪かったりして身体に力が入っていると、バランスへの不安を感じることもある。バイクは不安定になり、それを知らず知らずのうちにステアリング操作で修正しようとするから、フロントのグリップに負担を掛けることになり、また力が入っているとフロントからのフィードバックもうまく感じることができなくなり、グリップにも不安を感じるようになってしまう。

そのため、定常円旋回でのコンディションに注目すると、そのとき自分が乗れているかいないかが結構よく分かるものだ。ここで定常円旋回というのは、スロットルをパーシャルにして一定の速度と旋回半径を保つ旋回状態のことである。空き地で同じところをグルグル回ればいいのだ。本当は初期旋回で向きを変えたらスロットルを開き、後輪にトラクションを与えて旋回したいのであって、本来は理想的なコーナリングにおいてあるべきではないとされているが、それでもないがしろにできない原点である。

それはともかくとして、コーナーへの寝かし込みに慣れてきたとしよう。でも、調子に乗り過ぎると、いつかはフロントからスリップダウンして痛い思いをするのがオチである。すると恐怖心が芽生えて、寝かし込みが恐くなってしまう。

私もよく相談を受けるケースであるし、ライダーなら少なからずそうした経験があるのではないだろうか。寝かし込んだとたんに、フロントがすくわれる悪夢が甦ってしまうのである。こういう場合、その緊張で身体が硬くなってしまうから、まさに悪循環なのである。

正直なところ、これは恐い。特にオンロードでコーナーへ寝かし込もうかというと

寝かし込み時のフロントのグリップに対する不安を解消する極意は、最初のタメを入れて舵角を入れ、ステアリングを戻す感覚で寝かし込むことだ。

き、突然フロントがスリップダウンしたのでは成す術はない。ワールドチャンピオンにしてもリスキーな状態である。その時点で、フロントタイヤは働きをなくすから、バイクはバランス機能を失い、方向性も失ってしまう。ただ足元がすくわれてしまうフロントに対し、リヤのスリップダウンはまだ対処のしようがある。滑ってもフロントを軸にバイクがケツを振るだけであるからだ。

考えてみると、残念ながらコーナー進入時にフロントタイヤへの負担が大きくなることは避けられない。

バイクを寝かし始めると、ステアリングがコーナーに向けて切れ、タイヤはその方向に曲がっていこうという力を発揮する。当然、その力はタイヤがグリップするから生まれるのである。その力によってバイクは、バイク自身が上から見たときに自転するように向きを変え始める。そして、旋回状態になると、バイクをアウトに押しやろうとする遠心力が生まれ、それをタイヤはグリップして受け止めなくてはいけない。

そのうえ、バイクのステアリングというのは、バンク角を深くしていくと、フロントタイヤが路面上で切れている実舵角は大きくなっていく性質がある。寝かし込むだけでステアリングは切れて、負担は高まるのだ。また、この初期旋回状態では、バイクは減速状態でバイクの荷重はフロントに移動している。フロントタイヤへの負担は高まっているから、グリップの限界にも近づきやすいのである。

だから、寝かし込みの過程でフロントからスリップダウンしやすいという事実は、物理的にも当然のことなのである。バイクは寝かさないと曲がらないし、そこでフロントがグリップしないと転ぶ。寝かし込みで無理をすることがそのままフロントから転倒につながることも、また事実なのである。

だとしたら、ライダーはフロントのグリップへの不安に耐えながら、根性で寝かし込みを敢行するしかないのだろうか。

そんなバカなことはない。もしそうなら、レースで勝ったライダーはロシアンルーレットに勝っただけのことになってしまう。それどころか実際には、うまいライダーは見ていて安心感があるし、転倒も少ない。そして、この寝かし込みの部分で高い旋回性を引き出し、人より早く向きを変えている。つまりバイクには、フロントに負担を掛けない然るべき乗り方というものがあるのだ。

バイクには安全な乗り方というものがある

寝かし込みのテクニックも、何はともあれ、ライディングの基本を守ることに尽きる。何より大切なことは、肩の力を抜いてステアリングの自由な動きを殺さないことである。

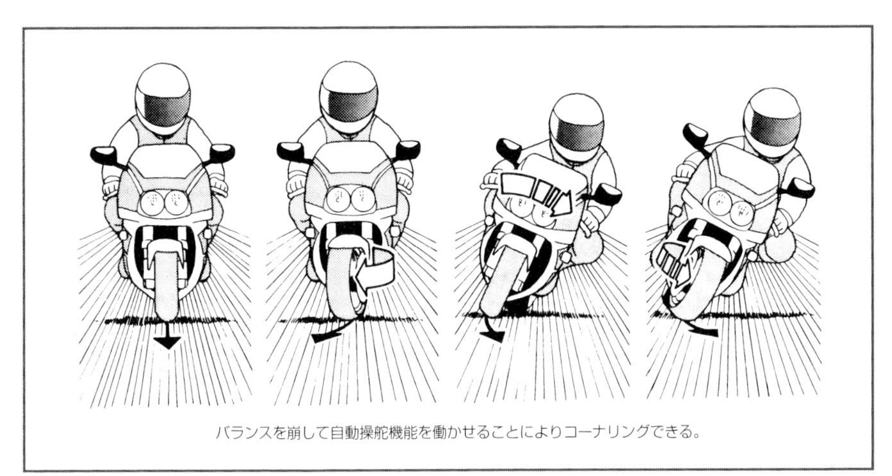
バランスを崩して自動操舵機能を働かせることによりコーナリングできる。

コーナーに向けて寝かし込むには、ステアリングをコーナーの反対に切る逆操舵(これを当て舵ともいう)をきっかけとすることができる。逆操舵をすれば、一瞬、バイクは逆の方向に向かい、そのことによってバランスが崩れ、バイクはコーナーに向けてバンクし始めてくれるのだ。また、バイクは小刻みにバランスを取りながらバランスを保っているわけだから、その片方へのステアリングのバランス機能を殺すことで、そちらへ寝かすことができるというわけだ。

しかし、バンクし始めてもそのまま逆操舵を続けていたり、寝かし込み途中でさらに逆操舵するようなことではいけない。それではバイクは寝るだけであって、コーナーに向けて切れるのをライダーが邪魔しているのだから、曲がらない。

そして、このステアリングをこじている状態で遠心力がかかってくるのだから、フロントがアウトに押し出されてしまう。おまけに、逆操舵のためにイン側のハンドルグリップを押すことによって、身体に生じる遠心力をそのままイン側グリップから荷重してしまうことになり、ますますフロントは押し出されやすいのである。明らかにこれでは転倒のリスクが高くなる。

こうしたステアリングをこじながら寝かし込むときのタイヤの状態を、力学的に考えてみよう。

バイクが向きを変え始めるには、先ほども述べたが、フロントタイヤがコーナーに向けて切れなければならない。とにかく寝かせさえすればよいと思っていた人は意外に思われるかもしれないが、クルマでは、ステアリングホイールを回さないことにはコーナリングが始まらないことを考えれば分かってもらえるだろう。

このとき、タイヤの向きと実際にタイヤが進む方向にはズレが生じている。クルマで前輪を切ったとき、ちょうどその方向に進むのではなく、実際は切った角度よりも少し小さい角度で進むことになる。ここで生じたズレ角、スリップアングルの大きさに応じてタイヤには曲がっていこうとする力、コーナリングフォースが生じてくれるわけだ。
もし、寝かし込み過程のスリップアングルが生じるべきときに、逆操舵を続けていると、スリップアングルを小さくしようとしていることになる。コーナリングフォースも小さくなり、バイクはあまり向きを変えてくれない。すると、ますます深くまでバイクを寝かし込まざるを得なくなって、危険も増す。そこで旋回によって遠心力が掛かると、フロントタイヤはそれに持ち堪えるだけのコーナリングフォースを発生できず、アウトに押し出されてしまいやすいのだ。
このときタイヤが滑っても、下半身でのホールドがしっかりできて、外足荷重という基本が守られていれば、それでもまだ立て直しが可能であろう。外足からの荷重ができていれば、滑って遠心力が抜けたようになっても、外足からの荷重でバイクを起こすようなモーメントを生じさせられるので、安定状態を保てる。でも、ステアリングをこじながら寝かし込んでいくようだと、イン側グリップからも荷重を加えてしまっている場合が多く、そのままバランスを崩しやすく、転倒につながりやすい。
このようにタイヤに掛かる力から考えても、やはり肩の力を抜いて、下半身でのホールドをしっかりとするという基本の大切さが証明されるのである。

そして、基本ができていればハイテクニックも見えてくる

どこにでも書いてあるような基本だけでは、さらに高いレベルのコーナリングテクニックは見えてこないと思われた方もおられるだろう。でも、このライディングの基本をもう少し発展させてやることで、安全にもっと早く向きを変えるためのテクニックが見えてくる。
寝かし込みながらさらに逆操舵を続けてはいけないと分かっていても、そうしないと曲がり込めず、どうしてもステアリングでこじり寝かすことになってしまうとしよう。それは体重移動がしっかりできていないためである。
バイクには、コーナーに向けて倒れ始めると、ステアリングがそちらに切れて、向きを変え始めてくれる性質がある。ここでバイクが倒れるだけだったら、どこまでも倒れてそのままバターンとなるだけだが、向きを変えることで生じる遠心力がバイクを起こそうとしてくれる。狙ったバンク角で、バイクを起こそうとしてくれる遠心力と倒そうとする重力の釣り合いが取れ、バランスが保てるのである。
そこで、もし旋回していこうとする横方向へのライダーの体重移動が不足していると、狙ったバンク角に達する前にそれらがバランスしてしまって、さらにそこまで寝か

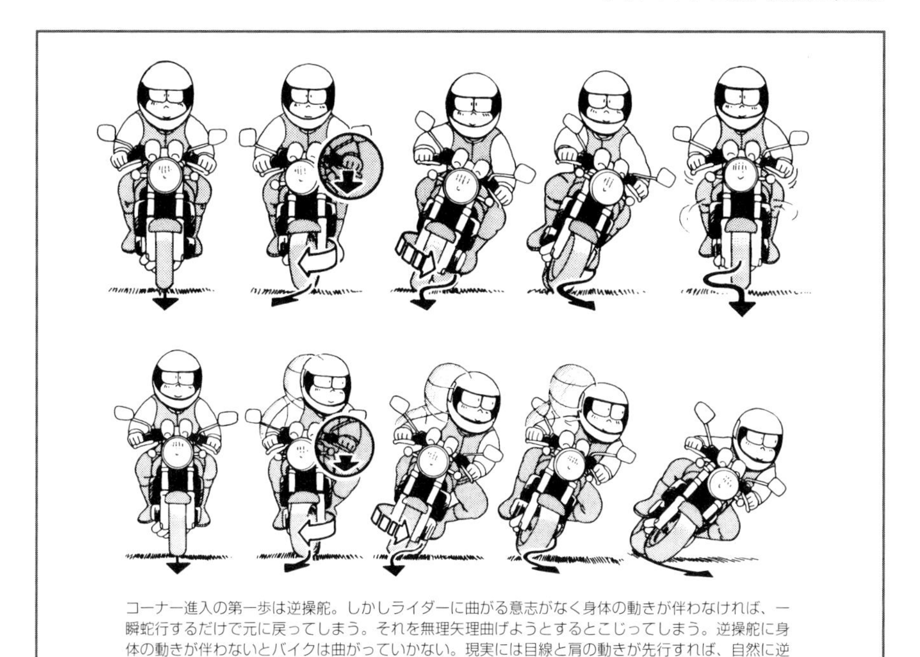

コーナー進入の第一歩は逆操舵。しかしライダーに曲がる意志がなく身体の動きが伴わなければ、一瞬蛇行するだけで元に戻ってしまう。それを無理矢理曲げようとするとこじってしまう。逆操舵に身体の動きが伴わないとバイクは曲がっていかない。現実には目線と肩の動きが先行すれば、自然に逆操舵になり身体もリーンしていく。誰でも無意識にやっているはずのベーシックテクニックである。

すためには、バンキング途中からさらに逆操舵をしなくてはならなくなってしまう。

先ほど逆操舵が旋回のきっかけになるといったが、この体重移動も進入へのきっかけとなる。左に曲がろうとその方向に飛び込むと、バイクはその作用を受けて右に押され傾こうとする。すると、ステアリングは右に切れて一瞬バイクが右に進むが、そのことによって車体重心は左に取り残されるから、次に左に傾き、左旋回を始めるのだ。よりスポーティなコーナリングのきっかけには、逆操舵と体重移動を組み合わさなければならないのであり、体重移動が不足しているということになるのである。

コースレイアウト上、こうした失敗を誘発しやすいサーキットのコーナーもあるから、それを紹介しておこう。特に雨のときにフロントからのスリップダウンが多いのが、鈴鹿のスプーンコーナーの1個目である。

路面のカント(バンク)が少なく高速から減速して回り込むためということもあるが、コースレイアウトがそうしたコントロール面のミスを誘発しやすいのである。その手前までヘアピンを立ち上がってから、かなり長い距離の高速右旋回を続けてきて、右旋回に身体が慣れ切っているところに、フルブレーキングしてスプーンに向けて左にターンするため、左への体重移動が不足し、スプーンへの寝かし込み途中でステアリングをこじてスリップダウンしやすいのだ。

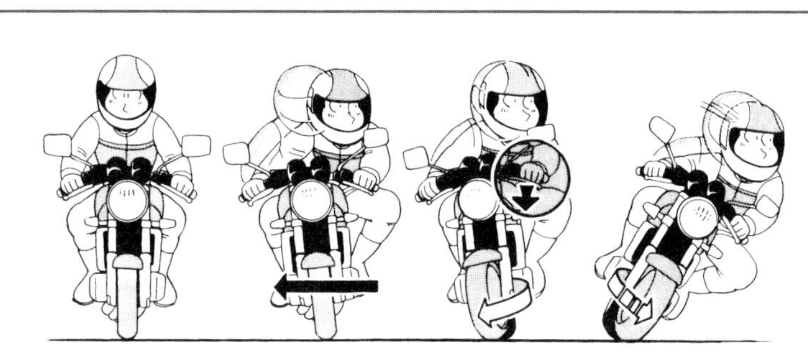

上体のリーンを先行させた上での逆操舵がStep1で、さらに足を使って積極的に体重移動を先行させようとするのがStep2である。ライダーが移動するための荷重によってバイクは反対側に倒れそうになるから、それをバランスさせるため逆操舵が必要になる。これによってライダーのリーンはバイクに先行する。

だから、ライダーは単に下半身でホールドするに留まらず、足腰を使ってバイクよりも先行するつもりでコーナーに移動していかなければならない。

そして、意識して身体をリラックスさせてやることも大切である。逆操舵のきっかけを与えた後、バイクが向きを変え始めようとするとき、身体がリラックスしていれば、その動きを身体が吸収してくれる。ガチッとバイクと一体になっているとバイクと一緒の動きをして、身体にも生じる遠心力をすぐさまバイクに荷重することになるが、リラックスしていれば唐突には遠心力は荷重されない。遠心力を抜重できるわけ

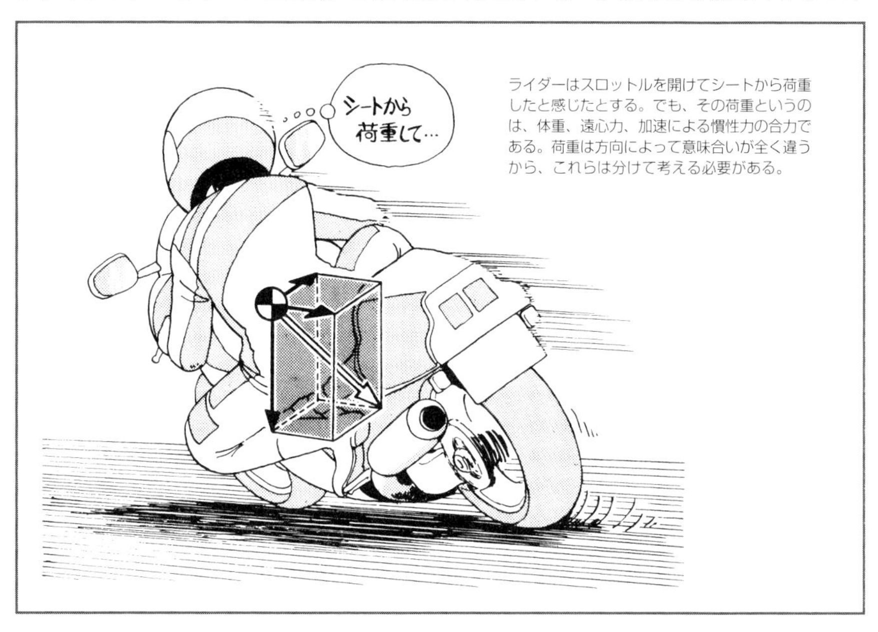

ライダーはスロットルを開けてシートから荷重したと感じたとする。でも、その荷重というのは、体重、遠心力、加速による慣性力の合力である。荷重は方向によって意味合いが全く違うから、これらは分けて考える必要がある。

フルブレーキングで発生する減速度は重力加速度と同じ1Gぐらい。また45°のバンク角で旋回しているバイクに働く遠心力も1Gである。つまりこのような場合、体重と同じ大きさの力が前方に、そして外側に向かって働いているのだ。

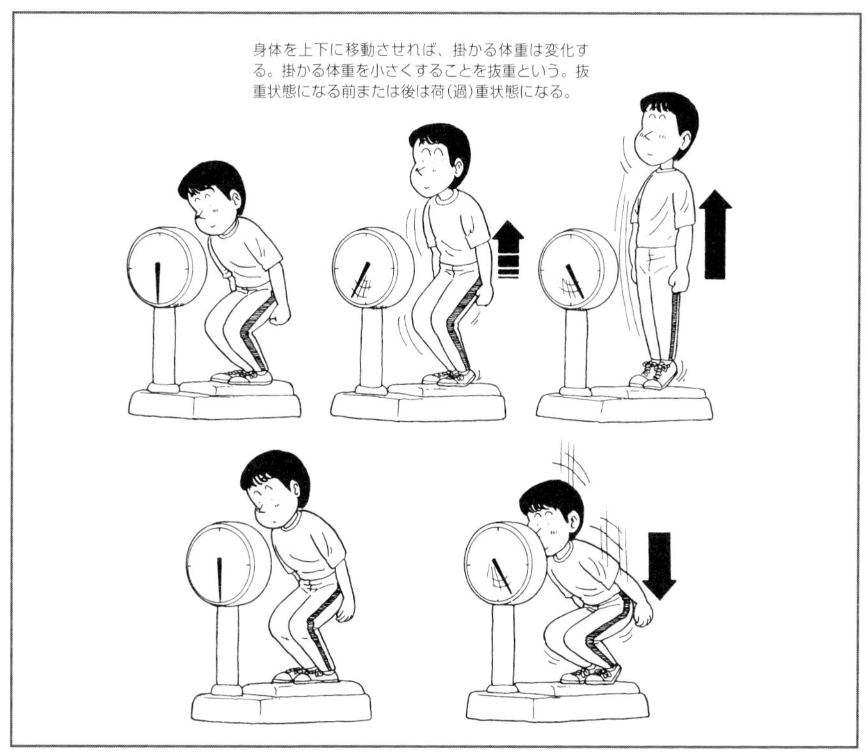

身体を上下に移動させれば、掛かる体重は変化する。掛かる体重を小さくすることを抜重という。抜重状態になる前または後は荷(過)重状態になる。

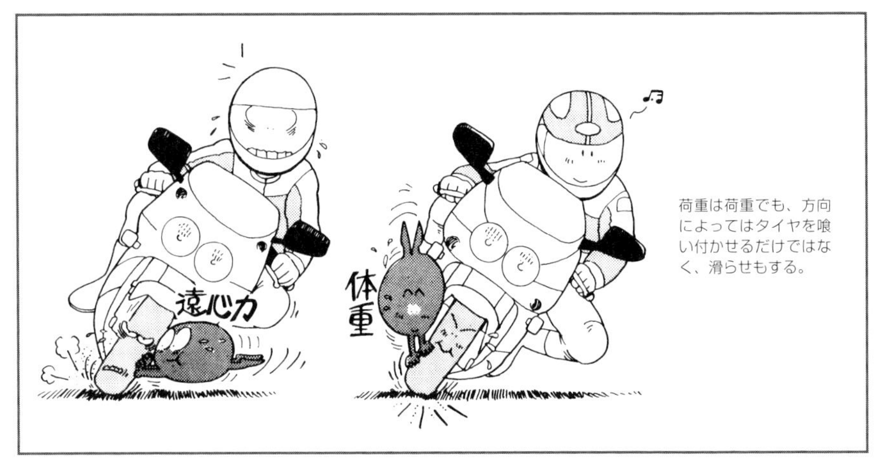

で、安全にもつながるのだ。

ここで、荷重、抜重という言葉について確認しておこう。タイヤに掛かる力のことも荷重と呼んでいて、バイクの車重そのものも荷重として働くことになる。ただし、ここでライダーがコントロールするという意味で使う荷重は、ライダーの身体に生じる鉛直方向の重力、旋回することに対しそのまま直進を続けようとアウトに向かって働く遠心力、加速や減速による前後方向の慣性力のことである。Gと表現してもいいだろう。

荷重するというのは、これらのGをバイクに伝えることである。そして抜重とは、これらの力がバイクに掛かるべきところで掛けないようにしてやることである。これらの力が生じていても、その方向に身体を移動すれば抜重できるし、その方向に先行して移動しておくことでも抜重できる。

体重計の上で沈み込めばその間、体重計が示す体重は軽くなるし、立ち上がれば、立ち上がった後、体重は一瞬軽くなる。前者が沈み込み抜重、後者を立ち上がり抜重というわけである。先ほどの場合は、身体をリラックスさせることで遠心力に対して沈み込み抜重の効果を得たということなのである。

バイクは、この荷重を変化させることでコントロールできるという性質をもっている。そして、タイヤも掛かる荷重によって特性を変える。ライディングとは荷重コントロールなのである。

さて、遠心力を抜重することで、フロントタイヤには遠心力をあまり掛けないようにでき負担は減る。それが安全にもつながると述べたが、実はそのことが、さらに旋回性を引き出すテクニックにつながるのである。

そうしてやることで、バイクに遠心力が荷重されず、バイクは起こされようとしな

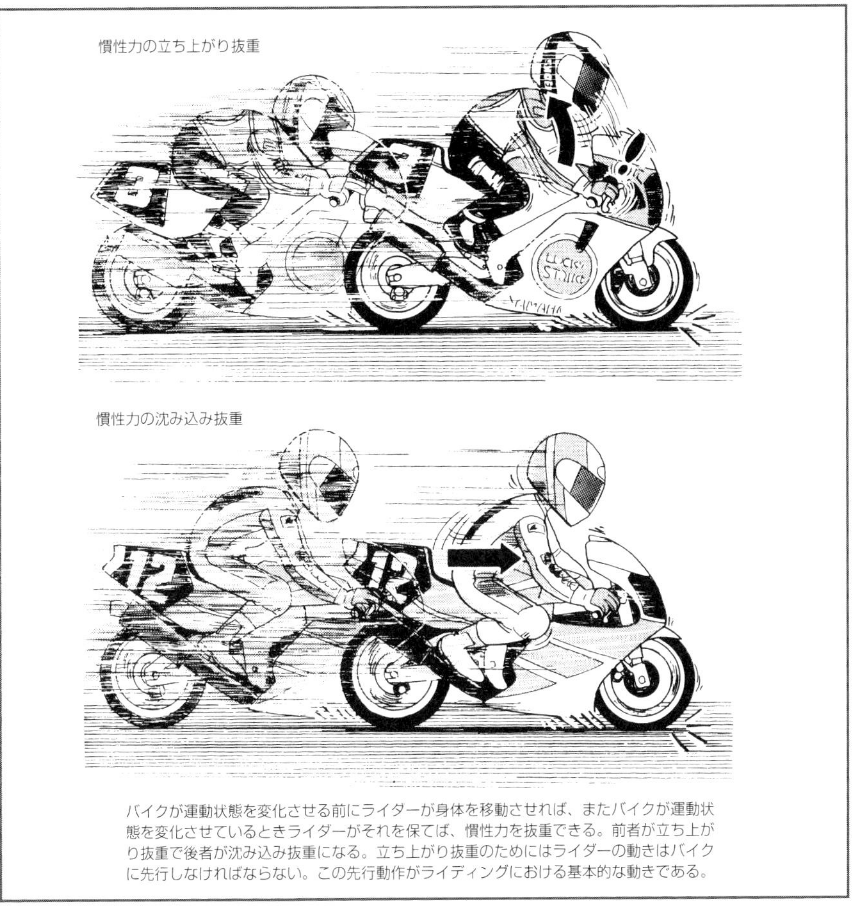

バイクが運動状態を変化させる前にライダーが身体を移動させれば、またバイクが運動状態を変化させているときライダーがそれを保てば、慣性力を抜重できる。前者が立ち上がり抜重で後者が沈み込み抜重になる。立ち上がり抜重のためにはライダーの動きはバイクに先行しなければならない。この先行動作がライディングにおける基本的な動きである。

い。そこで、バイクはもっとバランス機能を発揮しようとするから、さらにステアリングは切れていこうとする。寝かし込みの初期からステアリングは切れてフロントタイヤが大きくコーナリングフォースを発揮、高いシャープな旋回性を得られる。そのときは、まだバイクはそれほどバンクしていないので、安全でもあるというわけだ。

身体をリラックスさせ、バイクに遅れることなくタイミング良くリズミカルに足腰で身体をコーナーに移動させていく。そのことが初期旋回における基本であり、それをハイテクニックに発展させることができる。何より、フロントタイヤのグリップ力を引き出し、それを掴みやすい状況を得ることもできるのである。

フロントのグリップが頼りないのでタイヤを太くしようと思うんですが……

確かに、タイヤのグリップ力は接地面積が大きいほど高くなる。ゴムと路面間の摩擦力は、固体同士の場合とは異なり、荷重の増加ほどに高まらないだけに、摩擦面の面積を大きくすることで高めることができる。

だから、フロントのグリップこそが命綱という乗り方をするなら、太いフロントタイヤも悪くない。しかし、フロントタイヤには、ライダーの意思通りにステアできて、寝かし込んだら素直に転がっていくだけの存在になることが求められる。このことはこの本をここまで読んでもらったら分かってもらえると思う。

フロントタイヤが太過ぎると、ステアリングがダルで重くなるし、寝かし込み過程の旋回性(初期旋回性)も悪くなってしまう。旋回中もフロントに依存する感覚が残り過ぎて(俗にフロントが残ると表現することが多い)素直でなくなりやすい。そのため、ニュートラルに旋回することができず、かえってフロントのグリップ感覚が気になるばかりか、負担を掛けてしまうことが多いのだ。

また、リム幅を大きくすることでも、接地面積を大きくすることができるが、その場合も、ハンドリングはタイヤを太くしたような特性になる。いずれにしても、乗っていて楽しくないことになるだろう。

もし、本当にフロントタイヤがアンダーサイズであるなら、結構シャープに切れ込んでいくくせに、細かく逃げ出そうとしているような現象になるところである。

ただ、フロントの扁平率が60%の場合、70%扁平のほうがサイドウォールが高く路面からのインフォメーションも豊かで、プロファイルも理想に近いのでハンドリングも素直なことが多い。少々重く、シャープさも失せがちだが、こちらなら試してみる値打ちはあると思っている。

リヤに比べて細く、ラウンドで曲率の小さいフロントタイヤのプロファイルは、バイク本来のハンドリング特性を求めた結果でもあり、標準設定の良さを生かせるライディングを心がけることが、上達の方法の一つだと思って取り組んでもらいたい。

進入でフロントブレーキを使うとよく曲がるって本当?

コーナリングアプローチにおいて、すでに述べたような一連の流れに同調させてブレーキングすれば、旋回性を高めるために生かすことのできる可能性はある。

しかし、ただ単にブレーキングを寝かし込み過程まで残し、それなりにジワッとリリースをするようなコントロールでは、危険が増すだけでそれほどメリットは見出せない。

それに、基本的にはコーナリング中のフロントブレーキは使用厳禁である。フロントへの負担が高く危険であり、下手に使えば即、転倒なのである。

なぜなら、タイヤのグリップ力というのは限られていて、その限度以上には発揮できないからである。コーナーでバイクが遠心力に持ち堪えるには、横方向のグリップ力が必要になるし、ブレーキ力を得るには縦方向のグリップ力が必要である。グリップ力の合力の大きさが限られていて、横方向にグリップ力を費やした分、縦方向に発揮できるグリップ力は小さくなるわけだ。

もし、コーナーを旋回するために横方向に100%のグリップ力を消費しているとき、ブレーキを掛けたなら、グリップ力は許容をオーバーしスリップダウンするし、グリップの限界までフルブレーキングしたまま寝かし始めようとすると、きっかけを与えただけでスリップダウンしてしまうのである。

そのため公道では、コーナリング中に障害物を発見して、フロントブレーキを掛けざるを得ない状況もあるが、その場合はバイクを起こしながらブレーキングすることが大切になるわけだ。

タイヤのグリップからくる問題から全く話はそれるが、極低速のハンドル切れ角一杯にUターンしているとき、その途中でフロントブレーキを掛けるのも具合がよくない。ブレーキングでフロントから起こされ、曲がり込めなくなってしまう。それで足を着こうとすると、ブレーキングで沈んでいたフロントフォークが伸びてきて足着き性も悪くなり、慌ててあわや立ちゴケという事態に陥りかねない。そうした状況に注目しても、やはりコーナリング中のフロントブレーキは使用厳禁が大原則なのである。

それでも、フロントブレーキの有効性は否定できるものではない。これだけリスクの伴うコーナーでのフロントブレーキングなのだが、それを身体に生じる慣性力を抜重している“タメ”のタイミングで使うからである。

タメを入れるのに、イン側の腰を前方に突き出すように前方に身体を移動すると述べたが、あえてそうしなくても、そこまでのブレーキングで身体を後方に留めてきたホールドをゆるめてやれば、自然にそういうアクションとなる。ここでは、ブレーキングをコントロールの道具として利用できるわけだ。

そのとき減速中であっても、身体はそのまま前方に移動していくのだから、身体が受けるブレーキングによる前方への慣性力はいくらか抜重でき、大きく荷重されない。フロントタイヤへのグリップ力の負担の減った分だけは、フロントから曲がり始めても大丈夫ということになる。それでいて身体は前方に移動しているから、タイヤには垂直荷重が掛かってグリップ力は高まっている。そしてコーナーに飛び込んでいくときに、ブレーキをスッとリリースしていくのである。

だから、あえて減速の必要のないコーナーへ進入する場合でも、チョイ掛けとか一

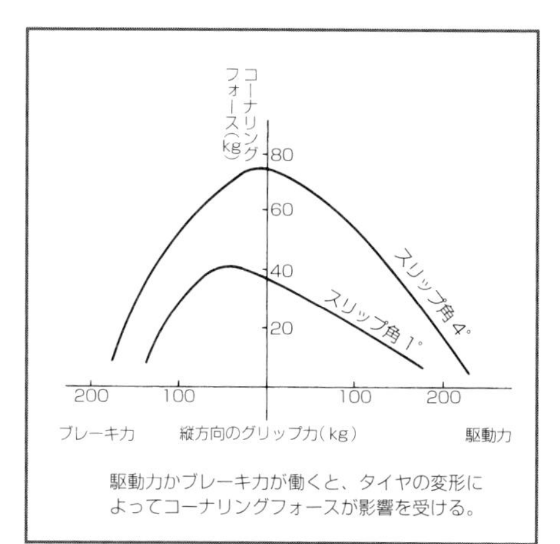

駆動力かブレーキ力が働くと、タイヤの変形によってコーナリングフォースが影響を受ける。

瞬スロットルを絞ることを、旋回性を引き出すためのコントロールとして生かすことができる。スロットルを開けたままでは進入しにくい状況でも、ちょっとしたスロットルワークだけで驚くほど向きを変えやすくなるものである。

これを感覚的に表現すれば、そのまま真っすぐに走っていこうとするエネルギーを旋回のエネルギーに置き換えているのである。殺すしかないエネルギーを旋回に利用できるのだから、効率もいいわけだ。

また、タイヤにはブレーキ力が掛かることでタイヤの変形に影響を受け、コーナリングフォースが大きくなる性質もある。ブレーキ力が大きければグリップ力にも無理がかかるし、コーナリングフォースは急激に小さくなるのだが、わずかなブレーキ力は、生じるスリップアングルが同じでも、コーナリングフォースの立ち上がりを大きくしてくれる。

また、フロントに荷重移動させることで、車両姿勢が前下がりでキャスター角の立った旋回性を発揮しやすい状態にすることができる。さらに、リヤ荷重を軽くできて向きを変えやすい状況にすることができる(極端な話、リヤをアウトに振り出しやすい)効果も生まれる。

このようにメリットは見い出せても、ブレーキングGで得られた前輪荷重を逃がさないようにコーナーに飛び込んでいくタイミングが求められるのだし、ブレーキをリリースするタイミングも大切となる。

ここでは、ブレーキングで得られたグリップ力の限界までフロントタイヤがグリップ力を発揮できて、旋回力を発揮できると自信が得られる場面でもある。タイヤがショルダー部まで当たりが付いて温まっていればという条件付きだが、減速Gだけ旋回Gを発揮させられるという確信が得られるのである。そうしたメンタル的な要素も無視できない瞬間であることも事実である。

そのこと以前にブレーキングが恐いんですが……

確かに乗れているときは、コーナーに突っ込めるものである。突っ込みでのコントロールができるという自信があるからだ。それに、サーキット走行で突っ込めないようでは、今いった慣性力を生かしたコーナリングもできず、速く走ることもできない。

また、乗れているときはフロントのグリップいっぱいまでブレーキングすることができるのに、ダメなときはそれに不安を感じてしまうものである。やはり、しっかりフルブレーキングできることも、うまいライディングができるかどうかにとって重要なポイントである。

では、なぜブレーキングで恐怖を感じるのだろうか。まず第一に、生じている減速Gの変化に対して、グリップ力がどう変化しているかを把握できていないからではないだろうか。いってみれば、初期旋回にせよブレーキングにせよ、ライダーが自信を持つために求められることは、どちらもフロントのグリップ感覚でもある。だからこそ、ブレーキングと初期旋回の好不調には一致がみられるのかもしれない。

タイヤのグリップ力というのは、タイヤに掛かる荷重が大きいほどに、大きくなる性質がある。ブレーキを掛けると減速Gが強く生じて、前輪への荷重は大きくなる。タイヤに掛かる荷重が大きくなると、生じるグリップ力も大きくなる。グリップ力が大きくなれば、その分ブレーキを強く掛けることができる。つまり、フロントブレーキは強く掛ければ掛けるほど、さらに強く掛けることができるようになるのだ。

だから、ここでのコツは、フロントタイヤが減速Gで押し潰される感じを掴みながらブレーキングすることである。フロントが荷重を受けて、タイヤのサイドウォールがたわみ、トレッドでの接地面積も大きくなるのを感じ取ることができれば、それに応じて強く掛けてやることができるのだ。グリップを感じ取るというよりは、タイヤの潰れる感じから、それを掴めばよいのである。

タイヤの潰れる感じは、フロントフォークを通しハンドルグリップからグニュッとした感じで伝わってくるし、フロント周りが起こされるまではいかないまでも（実際にひどいときはブレーキングではっきり起こされる。特に空気圧が低かったりすると

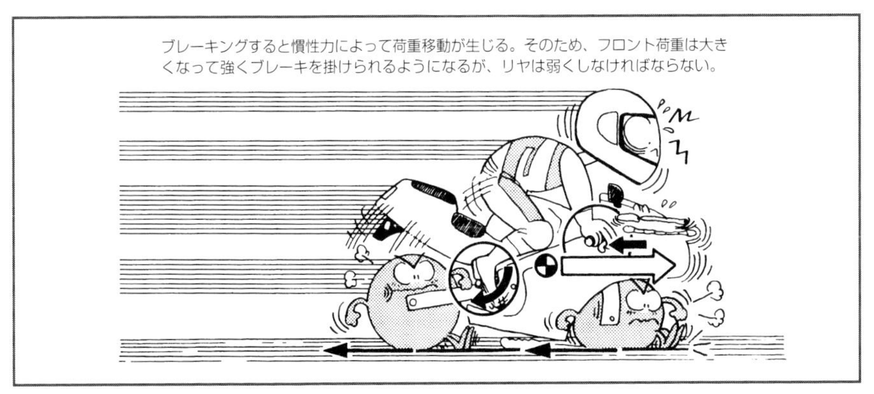

ブレーキングすると慣性力によって荷重移動が生じる。そのため、フロント荷重は大きくなって強くブレーキを掛けられるようになるが、リヤは弱くしなければならない。

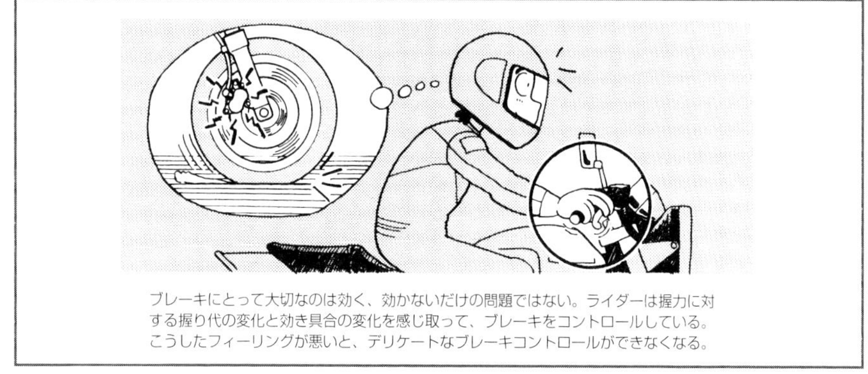

ブレーキにとって大切なのは効く、効かないだけの問題ではない。ライダーは握力に対する握り代の変化と効き具合の変化を感じ取って、ブレーキをコントロールしている。こうしたフィーリングが悪いと、デリケートなブレーキコントロールができなくなる。

タイヤのたわみが大きく、そうなりやすい)、重くなって安定を保とうとしてくれるから、そのことからも感じ取ることができる。

でも、タイヤが潰れていないときは、まだ強く掛けられないということでもあるから、ブレーキの掛け始めにいきなりブレーキレバーを強く握ったのでは、グリップを失ってどこへ飛んでいくか分からない。だから、掛け始めはリヤブレーキから掛けるべきだし、そのほうがリヤホイールの回転の慣性によって一瞬リヤアーム周りを沈め、バイクの姿勢変化の安定を保つ効果が得られる。

また、雨が降って路面が濡れているときは、ドライでの場合ほどタイヤを潰すには至らないので、強くフロントブレーキを使うことはできない。その分リヤには荷重は

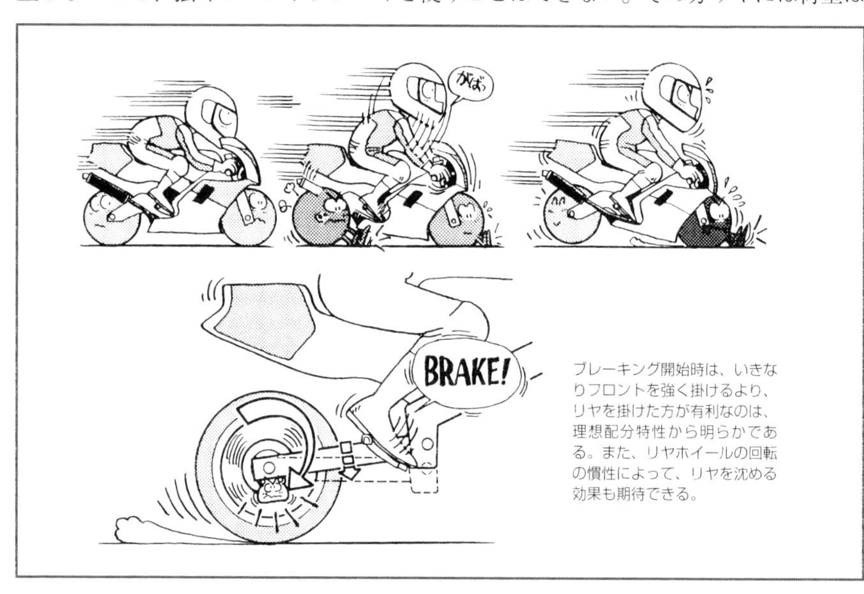

ブレーキング開始時は、いきなりフロントを強く掛けるより、リヤを掛けた方が有利なのは、理想配分特性から明らかである。また、リヤホイールの回転の慣性によって、リヤを沈める効果も期待できる。

残っているわけで、リヤを強く効かせることができる。

もちろん、そうしたコントロールを可能にするには、下半身でしっかり身体をホールドして上体の柔軟性を保っていなければならない。ここでも、旋回中に肩をイン側に引っ張られるのと同じように、何者かに背中を後方に引っ張られるような感覚で、減速Gを感じていたい。

もちろん、減速Gによって生じる慣性力を腕で支えないのが理想ではあるが、完璧にそうならないようにするのは無理というものだ。でも、少なくとも腕を突っ張って上体を支えるようなことをしてはいけない。それでは、フロントタイヤからのフィードバックを掴めないし、フロントが滑ったときも上体が足払いされたみたいなもので、タイヤにもライダーが受けた慣性力が急激に掛かり、ますます転倒しやすい状況になってしまう。

大切なのは、リラックスしてGを感じることである。それができれば、限界のフルブレーキングでもフロントは真っすぐ前方に弾むように押し出されるだけで、リヤがロックしスライドしてケツを振る場合よりもずっと安定しているものなのである。

進入でリヤブレーキを使うとうまくいくような気がするんですが……

今のマシンならリヤブレーキを使うのはもう古いとか、リヤブレーキがなくっても問題ないと信じている人が最近多いようだ。実際にレースでは、フルブレーキングしているときはリヤホイールは浮いているぐらいだから効かせられないし、コーナーに進入するときもブレーキ操作をするよりも、旋回性を引き出すためのステップワークを重視したコントロールをしている。そう書いてある本もあるのだが、でも、これはあくまでサーキットの限界走行での極論をいったに過ぎない。

このような情報が乱れ飛んでいる中で、リヤブレーキングの有効性を感じておられたとしたらエライと思う。普通のバイクでの日常レベルの走行では、この特性を大いに活用すべきなのである。そればかりか、レースでも1980年代後半から1990年代前半こそ、こうしたリヤブレーキ不要論もあったわけだが、最近はむしろリヤブレーキの重要性が叫ばれているぐらいである。

1999年一杯で引退したGP500のワールドチャンピオンのマイケル・ドゥーハンは、ケガの後遺症で右足がうまく使えないことに対処するため、左グリップ部にリヤブレーキレバーを取り付けていたのは有名な話である。そうしたところ、より確実にリヤブレーキコントロールができ、コーナーアプローチのステップワークと併用することもできるというメリットを発見、他のライダーもこれを使い始めたぐらいである。

以前のライディングであれば、腰を大きく落としながら下半身を使ってのマシンコントロールが求められたところだが、最近はむしろ腰をセンターに置いたまま切り込んでいくスタイルに戻っている。コーナーに進入して、いち早くリヤに荷重を戻してトラクションを与えることを追求していくと、やはりリヤブレーキは重要なのだ。それればかりか、アメリカのダートトラックでも、リヤブレーキングが近年になってこぞって使われるようになったテクニックであるという。

進入時におけるフロントブレーキングの有効性については、すでに述べた。でも、ブレーキングによる減速Gでフロントに荷重が移動し、グリップ力が上がる効果があっても、そのグリップ力はほとんどそのブレーキングのために食われてしまう。そのため、横方向のグリップ力が高くなる効果が得られるのは、現実にはほんの軽いブレーキングのときに限られている。その得られるグリップ力にしてもわずかなものである。むしろ、たいがいの領域では、横方向のグリップ力はブレーキ力に削り取られて、かえって不利である。

その意味でリヤブレーキングは、減速Gでフロントのグリップ力を大きくしてくれながら、フロントのグリップ力を消費させない。大変に都合のよい道具なのである。

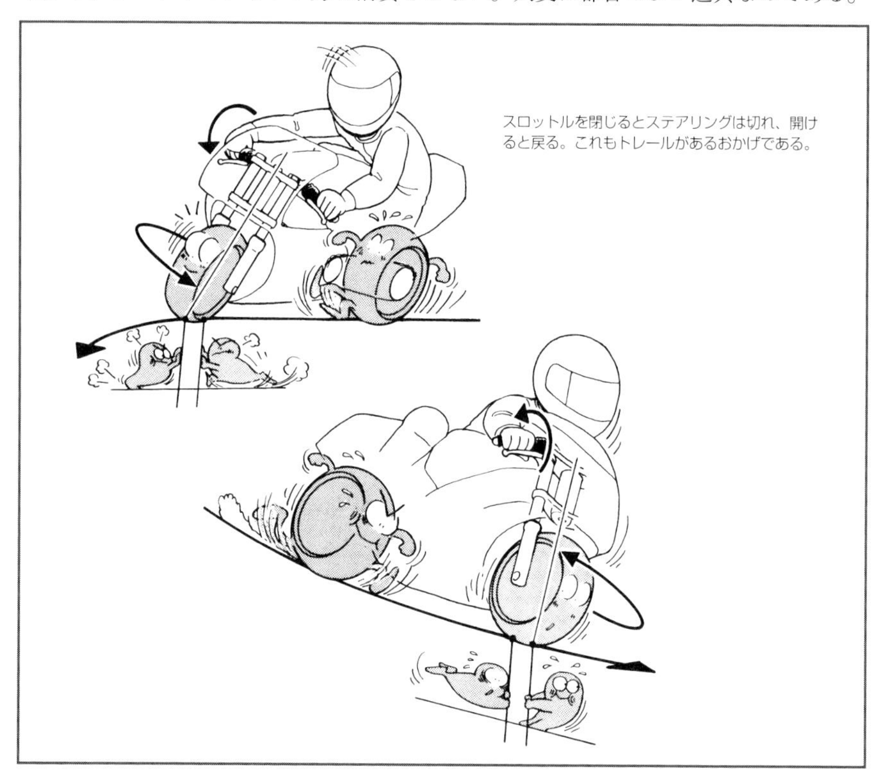

スロットルを閉じるとステアリングは切れ、開けると戻る。これもトレールがあるおかげである。

加えて、リヤブレーキングでステアリングを切れ込ませる効果も得られる。これは、スロットルを開けたとき、トレールの効果によってフロントホイールを前方へ引っ張り、ステアリングを復元させられるのとは、逆の現象である。

リヤブレーキングによってステアリングを切れ込ませながら、フロントのグリップも高められるのだから、特に街中での走りではかなり初期旋回に有効なテクニックである。また、スロットルの開き始めのトラクションに不安があるような場合、リヤブレーキを舐めながらスロットルを開けると、リヤの接地感を保ちやすいし、そのまま前へ飛び出すこともないので、スロットルも開けやすくなる。

そう考えていくと、リヤブレーキはコーナリングにおいて大変に重要な役割を果たしているといえる。ちょっとリヤブレーキとは事情が違うが、レースでも進入時にミスを犯してギヤ抜けさせてしまうと、フロントのグリップが抜けて寝かし込めずにコースアウトしたり、無理に寝かしてもフロントがグリップせずに転倒してしまうこともある。これはスイングアーム周りに生じているアンチスクワット効果が急に失われてしまうためでもあるのだが、いかにリヤから安定した接地状態を得ることが大切かということである。

フロントタイヤの限界ってどうして分かるの？

タイヤのグリップ力のレベルとかその限界については、サーキット走行でフロントブレーキの限界まで突っ込めば、フロントタイヤのグリップの感覚からも大体は分かるし、またタイヤが路面を転がる感じとか、身体が感じるGからも把握することはできる。

そのグリップ感覚のことはまた後ほど述べるとして、ここではライダーが不安を抱きやすいフロントタイヤのグリップ限界の予知というものについて考えてみるとしよう。

先ほどまで述べてきたように理想通りに初期旋回をこなし、トラクション旋回状態に持ち込めば、バンキング中のフロントタイヤは転がっているだけの状態で、負担は掛かっていない。特にスロットルを開いてトラクション旋回の状態になれば、まずフロントからスリップダウンすることはないはずである。

しかし、フルバンクに達する瞬間は少々負担が掛かるし、その後も定常円旋回を続けなくてはいけないケースもある。こと公道では、スロットルをパーシャルでやりすごす状況も多く、定常円旋回的にならざるを得ない場面も多い（本来パーシャルとは全開になっていない部分開度のことだが、マシンコントロール面でこの言葉を使うときは、トラクションを与え切っていない中途半端な状態だと考えてもらえばいいだろう。2ストロークであれば音がパラパラパラといった状態である）。

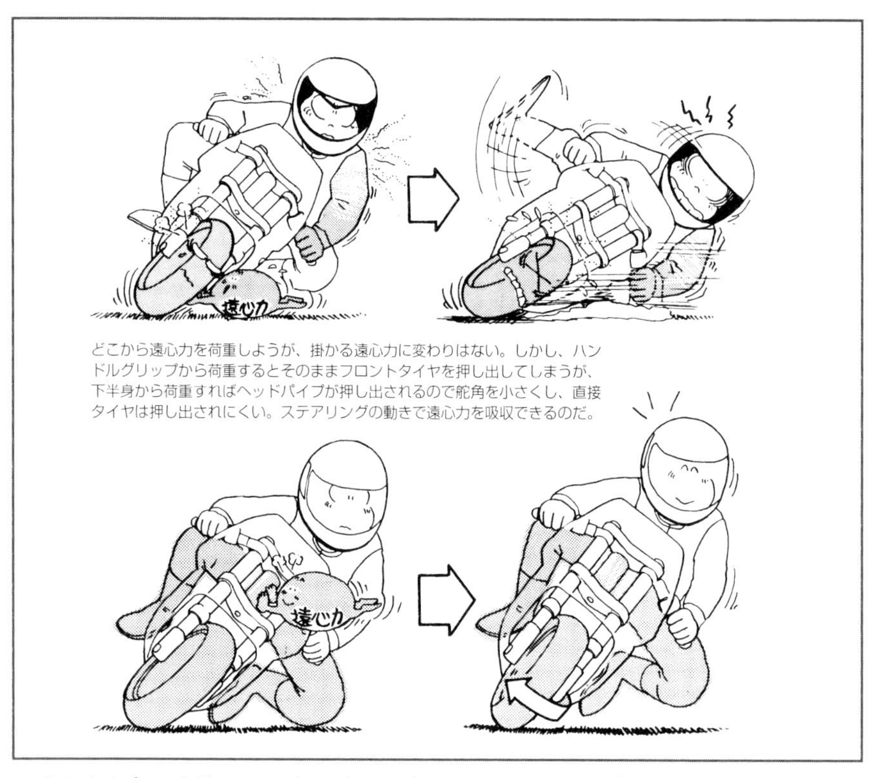

どこから遠心力を荷重しようが、掛かる遠心力に変わりはない。しかし、ハンドルグリップから荷重するとそのままフロントタイヤを押し出してしまうが、下半身から荷重すればヘッドパイプが押し出されるので舵角を小さくし、直接タイヤは押し出されにくい。ステアリングの動きで遠心力を吸収できるのだ。

そんなとき、突然フロントタイヤに裏切られたのではたまったものではない。でも、じつは有り難いことに、フロントタイヤのグリップ状態は、手を添えているハンドルグリップに感じられる手応えからフィードバックされてくるものなのである。

このことに関しては、タイヤについての第1部で触れたように、セルフアライニングトルクというものに注目して頂きたい。

そこで詳しく述べたように、曲がるための力であるコーナリングフォースが発生することによって、タイヤには付いた舵角を元に戻そうとするセルフアライニングトルクが生じる。コーナーを攻めても、発生すべきコーナリングフォースが得られていれば、セルフアライニングトルクもリニアに大きくなり、ハンドルグリップに掛かる力もリニアに変化するのだが、グリップ力に限界が近づくと変化が生じる。

セルフアライニングトルクが高まらないため、それを補うためにライダーがイン側グリップを押さなくてはいけなくなるのだ。そして、それを本当に押し舵にしてしまうと……、セルフアライニングトルクはますます小さくなり、ステアリングが巻き込むように転倒してしまうことになるのである。

それでも、うまくできたもので、ステアリングを押し舵にしながらこじて寝かし込む悪いクセがなければ、本能的にそうした間違ったライディングを避けることができるはずである。押し舵を強めることなく力を抜くことができれば、自然とマシンは起きて旋回半径を大きくし、フロントにそれ以上負担を掛けないように、バイクは自ずと対処できるようにできているのである。

その意味で、定常円旋回中の保舵力は弱押し舵であるべきというのが私の考えであり、私はタイヤ開発やマシンセッティングを行うときも、そのようにセッティングしてきた。ライダーも保舵力がそうなるように乗るのがいいわけである。

また、寝かし込みのとき同様、外足に荷重が掛かり、リラックスした身体の下でニュートラルにマシンが傾いている状態であれば、横G＝遠心力の変化も感じ取りやすい。タイヤが滑って身体が受ける遠心力が減少したときも、外足から荷重できていれば、マシンにはマシンを起こそうというモーメントが生まれる。やはり対処しやすいのだ。

ハンドルを切って曲がると、よく曲がるって本当？

現在の高度化された旋回性の高いバイクでは、ステアリングを切りながら曲がることで、旋回性をさらに高めることができるという俗説もあるようだ。確かに四輪車であれば、コーナーに向けてステアリングを切り付けないといけないし、コーナーの途中で切り増しすると旋回半径を小さくすることもできる。それと同様の効果をバイクで得て、旋回性を上げることができるというのだ。

でも、そんなことはバイクの性質から考えてあり得ない。バイクでステアリングをイン側に切るようなことをしたら、それが逆操舵になってバイクは起き上がってしまう。それに、そんな引き舵状態で旋回しているのだとしたら、バランス状態が悪いのだし、危険でもある。まして、四輪車でも途中で切り増しするのは理想的なドライビングではないはずである。

ただ、レースシーンの激しい切り返しや寝かし込みでコーナーに向けてステアリングを切り付けているように見えるシーンもある。あえて、そうしたコントロールが求められる状況を考えると、それは寝かし込みからフルバンクに達する一瞬のタイミングである。

現在のレーシングマシンやスーパースポーツのフォークオフセットは25mm程度で、以前と比べかなり小さめであるため、ステアリングの内向性は決して大きくはない。一方、ラジアルタイヤの発生できるコーナリングフォースは大きく、セルフアライニングトルクも大きくなる。すると、寝かし込みながらフロントからの旋回力が高まる状況においては、引き舵傾向になることがあるのだ。また、ステアリングダンパーが強めにセットされていたら、ライダーが操舵を補わないといけないケースも出てくる。

でも、切り付けるといった感覚ではなく、それが持続することはない。イン側グリップを寝かし込みながら引き付けるといったものである。そして、フルバンクに達したときは弱押し舵になっているべきであって、切れ込ませたものを戻すような感覚となる。そのとき、スロットルを当てるなり、ハンドルをリフトするような感じでフロントに集中していた荷重をリヤに移すことができれば、フロントの負担は小さくなっているからである。

ただし、乗り方が間違っていると、ステアリングを切ったまま曲がっていく感覚に陥りやすいが、これは要注意である。

コーナーに飛び込んでリヤに荷重し、うまくトラクション旋回の状態にできないと、いつまでも前後のタイヤのグリップに依存して旋回を続けることになってしまう。負担が減るべきフロントタイヤは、コーナリングフォースを大きく発生したままとなり、セルフアライニングトルクも大きく引き舵傾向が強く、ステアリングを切り付けたままの格好になってしまうのである。

本来なら、スロットルオンでステアリングはより軽くニュートラルになっていくべきところで、この場合は引き舵でますますこじているようになってしまうのである。無理やりスロットルを開けていっても、フロントは押し出されてアンダー状態になり、フロントからスリップダウンしやすいのだ。

また、この引き舵傾向は見方によっては、もっと寝ていこうとするバイクを、引き舵を与えることで起こそうとしていて、ステアリングをこじることでバンク角のバランスを保っていることにもなる。フロントがリヤの進路を遮っているようなものだか

ハンドルを切り付けながら旋回するというのは大間違い。引き舵状態なら、それは何かが間違っている。

ら、リヤもスライドしやすいし、リヤがスライドしたときは引き舵操作がバイクを起こすので、ハイサイドにもなりやすい。リヤが滑ったときフロントのグリップも余裕がないので、次にフロントがスライドしてどうしようもないケースになりやすく、実に危険である。

こういう感覚でのライディングは間違いなのであり、むしろ、こういう引き舵状態はバイクがライダーに間違いを教えてくれていると考えたほうが良いのだ。

前荷重のほうがフロントのグリップが良いのは真実？

タイヤに掛かる荷重が大きいほどグリップ力は大きくなる。でも、この荷重というのは、タイヤに垂直方向に掛かる荷重で、タイヤを上から押さえ付けている力である。しかし、ライダーがバイクに与える荷重とは、感覚的に重力だけでなく遠心力や加減速による慣性力も含まれていて、これらの合力を意味していることが多い。

ところが、重力はタイヤを喰い付かせるが、遠心力はタイヤを横滑りさせてしまう。一口に荷重と言っても、タイヤを喰い付かせる荷重もあれば、滑らせる荷重もあるわけだから、それがライダーを混乱させることも多いのかもしれない。

タイヤのグリップ力は、掛かる垂直荷重に応じて大きくなるのだが、それがいつまでも比例関係を保つわけではない。実は、荷重が大きくなっても、ある程度以上はグリップ力は頭打ち傾向になってしまう性質がある。

もう一つ忘れてはならないのは、身体を前方に置きステアリングに寄り掛かったフォームを取って前荷重にしていても、フロントに重力が掛かっても、その分、遠心

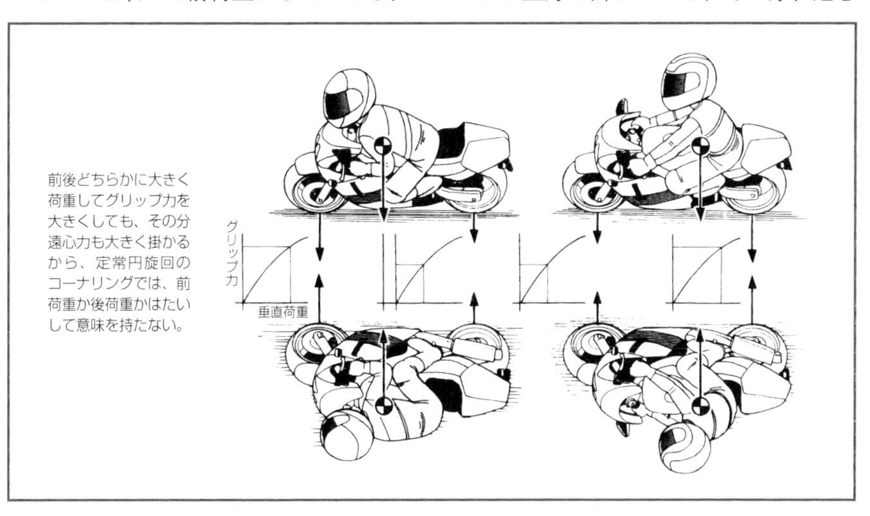

前後どちらかに大きく荷重してグリップ力を大きくしても、その分遠心力も大きく掛かるから、定常円旋回のコーナリングでは、前荷重か後荷重かはたいして意味を持たない。

力も大きく掛かってしまうことである。これでは、単にフロントへの負担を高めていることにしかならないのである。むしろ後荷重のほうが、フロントタイヤへの重力も遠心力も含め掛かる荷重が小さく、垂直荷重に対するグリップ力が頭打ちになる以前の比例関係にある部分を使えるので、余裕があって安全であるともいえる。

それに、後荷重にしてリヤタイヤ自身の曲がる力でバイクを旋回させ、ステアリングのバランスに任せて、フロントはリヤに沿わせておくという考え方のほうが、素直によく曲がっていくこともある。

ただし、これらはコーナリングを定常円旋回的に静的に捉えた場合の話である。

実はトラクション旋回の状態であれば、前後の荷重配分でオーバーステアとアンダーステアをコントロールできる。前荷重でフロントに対してリヤのグリップを弱めて向きを変えやすいオーバー状態にしてやることができるのだが、このことについては後で詳しく述べるとする。

ところで、すでに触れたことだが、コーナーアプローチにおける荷重コントロールにおいては、一言に前荷重であるといっても、これをもっと動的に考えていく必要がある。

アプローチで前方に身体を移動することで、タイヤには垂直荷重が掛かりグリップ力は高まっているが、その移動過程では前向きの慣性力は抜重される。グリップ力の負担を軽減し、曲がるためにそれを生かす状況が生まれる。フロントタイヤに有効に仕事をさせるための荷重は掛けることができるのだ。

バイクに乗せられているだけのライディングでは、前荷重はフロントタイヤのグリップに負担を掛けているだけで、意味がない。しかし、前乗りそのものを否定するわけではない。タイミング的に意味を持った前方への移動が大切であり、それが荷重コントロールというものなのである。

それでも進入時の路面のシミを見ると恐くて……

寝かし込むとき、路面にウェットパッチとかオイルのシミがあったり砂が浮いていたりとか、また路面上にペイントしてあったり、マンホールのフタがあるのも走りづらいものである。全面ウェットならまだしも部分的に路面状況が悪いと、それまで走ってきた楽しいリズムは崩れ、気分的にも嫌なものである。

これらをうまく通過するには、体の力を抜いて基本通りにライディングすることが何よりだが、リズムとかラインを変えることで対処することも大切である。ウェット時のグリップなどについては、タイヤの解説を読んでもらいたいが、ここでは、その対処について考えてみることにしよう。

結論から言えば、荷重の変化するタイミングで問題のある路面部分を通過しないことが安全な走り方である。

ブレーキングを残しコーナーに飛び込もうという瞬間は、フロントの負担は高まっており、フロントが滑ったのではたまったものではない。そのときは、本来ならブレーキングをリリースしようかという瞬間でもあるのだから、なるべく危険な要素を避けたいのだ。また、リヤに荷重していくときにリヤが滑り始めても、そのときライダーは荷重を掛けていくしかないのだから、急には対処しにくい。

要するに、寝かし込みの瞬間とフルバンクに落ち着こうというときに、路面のシミの上にこないようにラインを組み立て直したいのだ。

一方、この危険な瞬間に対し、身体を前方に移動中のタメを入れている間や飛び込んで寝かし込みつつあるときは、抜重中でタイヤへの負担は軽いし、リヤに荷重してトラクション旋回になってしまえばバイクにとってコントローラブルな状態であるから、安全で挙動にも不安を感じないはずなのである。

ところで、コーナーの手前のウェットパッチでタイヤが濡れてしまったり、ぬかるみでタイヤに泥が着いてしまったとき、その後のグリップに不安を感じる方も多いのではないかと思う。確かに少々は用心したほうがよい。でも、この手の汚れなら、一度寝かせば大体きれいになる。特に濡れているだけでタイヤがすでに暖まっているのなら、それほど気にすることもないだろう。泥の場合は程度にもよるが、最初はジワッと寝かし込んでいきたいものだ。

切り返しでフロントがすくわれそうなんですが……

普通に直線部からブレーキングして進入する場合はそれほど問題なくても、切り返しての倒し込みでフロントからすくわれそうな不安を感じる人も多いのではないだろうか。特に加速しながら切り返していくところや、低速コーナーでその不安が顕著になるのではないだろうか。やはりこれは荷重移動が遅れているか、それともしかるべきコントロールがこなせていないためである。

このように不安を感じる場合、まず一つ目のコーナーからバイクを起こすために引き舵にし、バイクが起き上がったところで次のコーナーに入っていこうとしているはずである。このようにステアリング操作で切り返そうとすると、バイクを起こすために引き舵(次のコーナーにとっては押し舵となる)にすることで、一瞬遠心力が高まってフロントフォークに荷重が掛かり、バイクが起きてきたときには遠心力が弱まるので、急激に荷重が抜けてくる。

これでは、一度縮ませてから反動を付けたようなもので、フォークは伸び切ってし

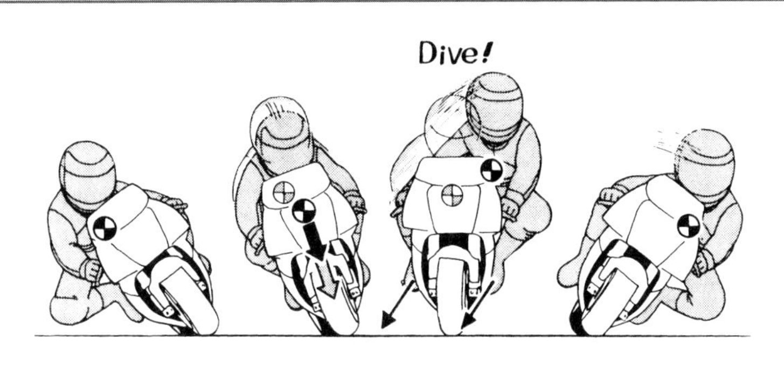

切り返しでも身体を一度沈め、その反動で勢いよくダイブしていく。ステアリングを切って起こしつつあるときは遠心力によってサスは縮められようとするが、身体を沈めるので抜重状態にある。そしてバイクが起き上がり、遠心力が抜けてサスが伸びようとするときは、ダイブのための荷重をする。そのためサスの動きは小さい。が、足を使っての先行移動をしないでステアリングに頼ると、姿勢変化が大きくなってしまう。

まうし、その勢いでフロントが浮いてしまうこともある。そのまま切り返そうとしても、フロント荷重が抜けているので、フロントがすくわれてしまうというわけだ。まして、フロントが浮いたときにも逆操舵を続けていたとしたら最悪である。

これに対し、抜重効果を生むタメを入れた体重移動を加えて、コーナーに飛び込むという荷重コントロールを組み合わせるとどうだろう。

ステアリングできっかけを与えるとき、一つ目のコーナーで一瞬上体を沈め、わずかにアウト側に移動する感じで、次のコーナーに飛び込む準備動作としてタメを入れてやるのだ。切り返し初期に、遠心力を沈み込み抜重できて、フォークにはそれ以上に荷重は掛からない。それでバイクが起き始めたなら、足で次のコーナーに飛び込んでいく。それによってバイクには荷重が掛かり、フォークは押し付けられようとする。

したがって、うまいライダーは切り返しでもフロントサスの姿勢変化は少ないし、フロントに掛かったGを逃がさず、スムーズに切り返していけるというわけだ。タメを入れてコーナーに飛び込むという方法論は、切り返しでもそのまま生きているのである。

バイクはアクセルを開けると安定するって本当？

ここまでのフロントを使う初期旋回の部分では、いくら完璧なコントロールができたとしても、どうしても緊張感は高まってしまうものである。正確にスピードをコントロールし、狙ったとおりにコーナーに進入するには集中力も要求されるし、初期旋回ではフロントタイヤに仕事をさせていて、それによるリスクもあるから、緊張感が押し寄せてくるのである。

でも、コーナーに入ってスロットルを開くと、それまでの緊張感から解き放たれ、何ともいえない安心感に浸れ、ホッとした気分になるというものである。それまでとは違って、バイクをコントロールしているという征服感みたいなものにも包まれるのだ。つまり、その瞬間、コントローラブルになり、リスクも低い状態になったことをライダーは理屈抜きにしっかり感知しているのだ。

バイクはフロントよりもリヤのほうがはるかにグリップ力をコントロールしやすい。リヤなら滑っても対処の可能性が高いし、リヤにはスロットルというグリップ力をコントロールする道具も備わっている。つまり、コーナーはスロットルを開いて回るものなのである。

でも、そうしたこと以前に、バイクはリヤを使うことで安定する性質を持っている。路面のギャップを通過するときには、その手前で一度スロットルを閉じ、開け直しながらギャップを通過したほうが、はるかにバイクは安定している。そのことも身体で覚えているはずである。

スロットルを開ける意味について考えてみよう。スロットルを開けることでトラクションがリヤに伝わり、バイクは加速、操舵軸は後方から進行方向に押されることになる。操舵軸よりもフロントタイヤの接地点は、トレールの距離だけ後方にある。フロントタイヤは前へ引っ張られ、接地点は操舵軸の真後ろにきて落ち着こうとするから、ステアリングは自然と安定するのである。また、加速状態となることで、リヤに荷重が移動しフロントは負担が軽くなるから、ステアリングをニュートラル状態に近づけやすいのだ。

「振られたらアクセルを開けろ」とは、昔から言われているライディングの鉄則の一つである。それが、スロットルを閉じたままだと、ステアリングを切れ込ませようとフロントタイヤは後方に押し戻されるからステアリングは振られやすく、そこに荷

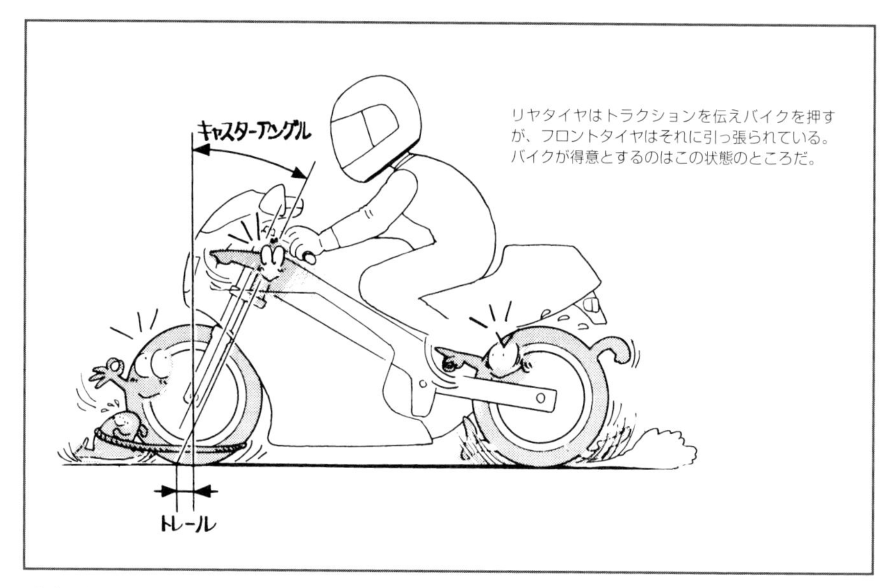

リヤタイヤはトラクションを伝えバイクを押すが、フロントタイヤはそれに引っ張られている。バイクが得意とするのはこの状態のところだ。

重も掛かっているから挙動はひどく不安定になってしまうのである。
　ただ、そうしたバイクの特性を生かすための体重移動も大切である。いくら、ギャップ通過でスロットルを開けると安定するといっても、加速Gで身体が後方に置いていかれそうになって、それをハンドルを引くようにして支えてしまうようでは元も子もない。下半身でのホールドも大切だが、あらかじめ、スロットルを閉じたタイミングで上体を前傾させておき、それをスロットルを開けることでバランスさせるような準備動作も必要である。手前で一度スロットルを閉じることも、そういう意味で有効となるのだ。
　これと同じことで、コーナーでスロットルを開けるときにも、そういう準備動作が必要になる。そのための動作が、コーナーに肩から飛び込んでいくということでもある。そして、そのままだったら肩から前方からイン側に落ちそうになるのを、スロットルを開けることでバランスさせ、真っすぐリヤタイヤに荷重しているのだ。
　バイクはリヤで走るものである。そのためには、肩がイン側に引っ張られるように上体にピンとした張力を感じ、荷重点であるお尻でリヤを感じることが大切になる。一定速度走行ならお尻から真下に向かってシートに体重が掛かっているところだが、スロットルを開けて加速Gが加わることで、さらにベクトルの方向が真っすぐにリヤタイヤの接地点に向かって掛かるような感覚を強く得ることができる。そのリヤ荷重感覚が大切なのだ。

コーナーでアクセルを開け始めるのが恐いんです

スロットルを開け始めるときには、リヤへの荷重感覚が得られているか、それともスロットルを開けながら荷重感覚が高まっていくことが大切である。

リヤに荷重が掛かっていなければ、満足なグリップ力は得られないのだから、そのままスロットルを開ければスライドしやすくなる。もちろん、ライダーがリヤに掛けていく荷重には、垂直荷重である重力も外向きの遠心力も含まれている。垂直荷重が大きくなってグリップ力が大きくなっても、タイヤを滑らせようとする遠心力も大きくなれば、グリップ力に余裕は生まれないと思われるかもしれないが、実はそれに伴って伝えることのできるトラクションも大きくなっている。荷重を掛けて、増大する遠心力にグリップの横方向分力を使っても、縦方向分力には余裕が生まれるからである。

したがって、フロントに掛かっていた荷重がリヤに移動するのを確認しながら、スロットルを開け始めたい。そして、そのときリヤへの荷重感覚を得ていれば、自然とグリップ感覚も掴めるのである。

たとえ、そのポイントで加速に移りきれないコーナーであっても、わずかでもスロットルを開いてチェーンに張力を与え、リヤタイヤを感じていなければならない。初期旋回で減速Gを旋回力に生かしたように、ここでは、その旋回Gをトラクションに生かしていくのであり、コーナリングでは、生じる慣性力すなわちGを逃がさず、捕えたまま利用していくことが大切になるのだ。

そして、そこから加速に移ることができれば、加速Gでリヤに荷重を移動でき、さらにグリップ力を高めてやることができる。これによってトラクションも高められ、さらにそれがグリップ力を生むというようにより良い方向につながっていく。その意味で、スロットルの開け方も重要で、わずかに開けることでリヤ荷重を高め、さらに開けるというプロセスを踏むことができれば、より安全に開けやすい状況が生まれる。

だから、余裕のつもりでワンテンポ遅らせてスロットルを開いても、漠然と旋回しているだけだと、かえって大きくスライドしてしまうことがある。また、コーナーのあるポイントで同じようにスロットルを開けても、たとえ明らかにコーナリングスピードが遅く、バンク角も浅いとしても、スライドしてしまうこともある。Gを逃がしているからである。いってみれば、ペースを落とせば必ずしも安全というものではないのだ。

まあ、たいがい気を抜いたときはGも抜けていることが多いのであり、結局それが不意のスライドを招き、危険に繋がることでもあるのだ。スロットルを開けるタイミングと開け方次第でその後の旋回性も大きく影響されるし、いかに早くリヤへの荷重感覚を得ることができるかもライディングのポイントとなるのである。

でもリヤに荷重していくときタイヤの状況が掴めないんですが……

それは、コーナーへの進入後、荷重感覚がしっかり得られるまで間が必要で、リヤタイヤの存在感が掴めないということではないだろうか。または筋肉に荷重感覚が伝わってきたときには、すでに荷重もトラクションも掛かっていて、荷重していく段階においてスロットルを開き始めることに不安を覚えるのではないだろうか。

まず確認したいポイントは、リヤへの荷重を逃がしてはいないかということである。コーナーに飛び込むときも、たとえ荷重が生じていなくても、お尻はシート座面と接していて、肩はコーナーに向けて弾けていくとき腰はそれを受け止めていなくてはならない。そうすれば自ずと生じる荷重はシートに掛かり、スロットルを開き始めるときに得ていたい荷重も確保されているはずである。ライディング中は常にお尻の下にリヤタイヤを感じていたいのだ。

そうした荷重コントロールとともに、寝かし込む過程においてスロットルを合わせることも大変に有効である。加速させるのではなくとも、チェーンの上側の遊びを取って軽くピーンと張ってやるだけでよいのだ。それだけで、リヤタイヤの存在とトラクションが掛かり始めている様子が、リヤサスペンションとかスロットルワイヤーからも伝わってくるものである。

ここで、バイクのリヤスイングアーム周りには、トラクションを与えることでスイン

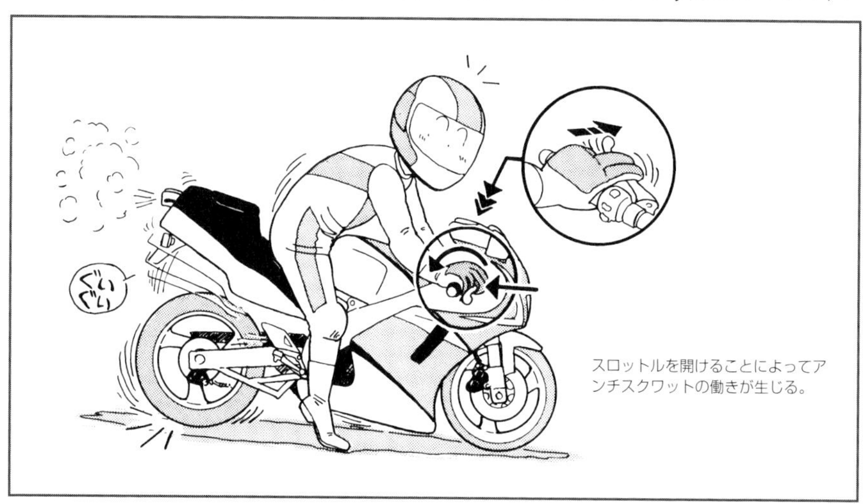

スロットルを開けることによってアンチスクワットの働きが生じる。

グアームを路面に押し付けるような効果が生まれていることについて触れておきたい。

スロットルを開けると、チェーンの上側に張力が、タイヤの接地点にはトラクションが掛かる。張力はスイングアームで支えられ、駆動力はスイングアームを介してピボットに伝えられる。ここで、張力と駆動力の合力はスイングアームに沿って作用しているはずで、実際には接地点には斜め上に向かって力が働いていることになる。つまり、接地点にはバイクを前に進める力とともに、タイヤが路面に押し付けられていることに対する反力が生じていることになる。

タイヤが路面に押し付けられることで、リヤサスペンションが加速Gで沈み込もうとするのに対し、踏ん張ろうとしていることになるから、私はこれをアンチスクワット効果と呼んでいる。これによって、リヤサス周りに腰を出したり、トラクションを強める効果が得られているのだ。

このアンチスクワット効果は、ピボット位置を高くすることで大きくなる性質がある。ちなみに、最近のレプリカモデルにはピボット位置を可変にできるようにしたものがあるが、それはこのセッティングを可能にしているのだ。

リヤサスペンションのセッティングでこの効果の大きさが変わってくることも、知っておいて損はないだろう。リヤの車高を上げたりバネのイニシャルを強くすることで、さらにトラクションに踏ん張る感じが出る。これを逆にすると、さらに奥のほうまでストロークする感じになり、バネまで柔らかくなったような印象を受けることがある。

また、エンジンブレーキ作用時は、これと逆でチェーン下側に張力が掛かり、リヤ

ライダーは常に右手からリヤタイヤの状態を感じ取っていたい。それをダイレクトに感じ取るために、アンチスクワット効果は大いに役立っている。

を沈ませようとするようなアンチリフト効果が生じている。このことも突っ込み時の、安定性やハンドリングに微妙に影響を与えているのである。
話題に戻ると、リヤに荷重していく前にほんの少しだけスロットルを開け始めてやると、このアンチスクワット効果によってタイヤは路面に押し付けられようとする効果が生まれるということである。荷重しつつある段階でリヤタイヤの存在とトラクション感覚がダイレクトに伝わり、ここでのコントロールとそれによるフィードバックがスムーズにつながっていくというわけなのだ。

スロットルを開けるとフロントをこじてしまうんですが……

本来、スロットルを開けると、リヤは荷重が掛かりトラクションでバイクが進み、その存在感は大きくなる。それに対しフロントは、荷重が抜けて、リヤのトラクションに引っ張られて動転していくだけになり、ニュートラル性を強めていくはずである。
ところが、スロットルを開けるとニュートラルでなくなりこじたようになって、そのまま無理に開けても、前後のタイヤに負担を強いて挙動やグリップに不安を覚えることがある。身体も緊張が解けるべきなのに、要らぬ力が入ったままになってしまうこともあるのだ。
これまで述べた荷重やスロットルのタイミングに問題がないとしたら、おそらくその原因は荷重の掛け方にあると思われる。
リヤへ荷重していくとき、身体の重心からベクトルが生じていくことになるが、そのベクトルはリヤタイヤの接地点に向かうのが理想である。真っすぐにシートから接地点に向けてタイヤを押し付けてやるというわけだ。その意味でも、肩からコーナーに飛び込み、肩がイン側に引っ張られるような感覚を保つことが大切である。
もし、ベクトルが接地点のアウト側を向いていたとしたら、荷重することでリヤタイヤは起こされようとするから、ステアリングを押し舵にしてバランスを保たなければならない。逆にベクトルがイン側を向いていたら、引き舵でバイクを起こそうとしなければならない。前者は身体の横方向への移動が足りなかったのだし、後者は身体がイン側に入り過ぎている。
どちらの場合も、旋回中、荷重バランスによって落ち着こうとするバンク角を、ステアリング操作で修正していることになる。これが、いわゆるステアリングをこじている状態である。リヤタイヤが素直に転がっていこうとするのを、フロントでこじて修正しようとしていることになるから、リヤタイヤの進路をフロントが妨害するようなものであり、スライドしやすい状況になっているのだ。
ライディングフォームも大切なポイントである。ハングオフスタイルを前提としたスーパースポーツをリーンアウトで乗ろうとすると前者の場合のようになり、オフロードバイクをリーンインやハングオフで乗ろうとすると後者のようになりやすい。バイクはそれぞれのシチュエーションにおけるライディングに合わせて、タイヤ特性やバイクのディメンジョンが造られているのだから、それに合わないライディングフォームで乗るとニュートラルでなくなることもあるのだ。

定常円旋回的にコーナリングを考えるなら、バイクとライダーを合わせた重心において重力と遠心力がバランスしていればそれでよく、ライディングフォームはバイク本体のバンク角に影響する問題でしかない(セルフアライニングトルクが影響されて、保舵力はニュートラルでなくなるが)。だが、ダイナミックに荷重をコントロールしていく荷重コントロールにおいては、荷重の方向はあくまでリーンウィズでないといけないのだ。

また、荷重コントロールにメリハリがなくてリヤに十分な荷重が掛からないと、こじた状態になってしまうこともある。

タイヤをバンクさせていくと、接地点がタイヤ中心よりもイン側に移動する。そのため、タイヤが幅広になるほど寝かしにくくなる。荷重点が中心からずれているために、それを起こそうとするオーバーターニングモーメントが生じている。タイヤが荷重を受けると、タイヤが横にたわんで接地点の移動量は大きくなり、オーバーターニングモーメントは大きくなる。ちなみに、フロントブレーキを掛けたときフロントの立ちが強くなってしまうのは、フロントタイヤに荷重が移動してしまうからでもある。

そのため、リヤも荷重が掛かることによって自然に起きてくるようになるはずで、それを見越してハンドリング特性がまとめられているものなのである。それによってニュートラル性が保てるところなのだが、荷重が掛かっていないと、そのまま寝たままとなり、それを引き舵で起こそうとしてしまうのだ。

こうした問題には、タイヤのプロファイルとか剛性などの特性も大いに関わっている。したがって、タイヤサイズやリム幅を変更することで、こうしたバランスを崩すこともある。リリースされるタイヤ開発は、前後のマッチングをそうした観点からも検討しており、前後に異名柄タイヤを装着してもバランスを崩す恐れがある。

スロットルを開けた瞬間、バイクがどちらに行くか分からないんですが……

リヤに荷重を掛けていったときの前後配分もまた重要なポイントである。それをないがしろにすると、極端な話、スロットルを開けたとたんに、バイクがスピンしようとしたり、逆にアウトに向かって押し出されアンダー状態になってしまったりと、バイクの進む方向とトラクションの掛かり具合をコントロールできなくなってしまう。

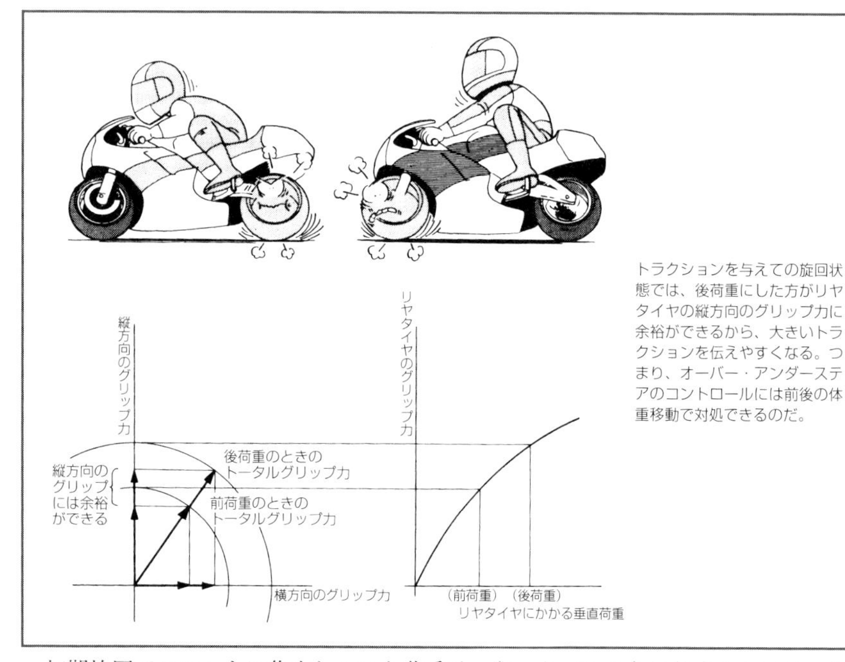

トラクションを与えての旋回状態では、後荷重にした方がリヤタイヤの縦方向のグリップ力に余裕ができるから、大きいトラクションを伝えやすくなる。つまり、オーバー・アンダーステアのコントロールには前後の体重移動で対処できるのだ。

初期旋回でフロントに集中していた荷重は、狙ったバンク角に収まるとフロントからリヤに移動し、トラクション旋回が始まると100％リヤに移動したような感覚になるときもある。実際に荷重が100％リヤに掛かるわけではないし、そうであっては困るのだが、それだけリヤの存在感に支配されるということだ。

そうした状況では、オーバーステア、アンダーステアを荷重の前後配分でコントロールできる。腰を前後に動かすと荷重を逃がすことにもなりかねないので、たいがいは上体を起こしたり前傾させたりの前傾度の調整でこなすことになる。

タイヤのグリップ力は、タイヤに掛かる垂直荷重に応じて大きくできるが、単に定常円旋回的なコーナリングでは、タイヤを喰い付かせる垂直荷重が増えてもタイヤを滑らせる遠心力も増えて、どちらかに荷重を大きく掛けても負担を大きくするだけでしかない。これはタイヤの性質で述べたとおりである。

ところが、リヤタイヤにトラクションを与えていると、リヤタイヤへの荷重を大きくすることで伝えられるトラクションを大きくできる。荷重で増大したグリップ力を横方向と縦方向に分解して考えると、横方向のグリップ力を掛かる遠心力に消費したとしても、縦方向のグリップ力には余裕が生まれるのだ。

したがって、前荷重にすればフロントに対しリヤのグリップを小さくできオーバーステア状態にできるが、後荷重ではその逆のアンダー状態にできるというわけだ。

特に、フルバンクに達してトラクションを与えていくときの、身体の位置とかフォームは、そういう意味で非常に重要になる。そのとき、リヤがフロントをアウトに押し出していくような不安があるとすれば、もっと身体を前傾させてコーナーに飛び込んでいかなければならないし、逆にスピンしそうなら、身体を起こし、もっと早くから強くお尻で荷重していくようにすべきである。もちろん、そのときのスロットルワークによっても大きく影響されてくるのはいうまでもない。

もちろん、掛かる荷重がある程度大きくなるとグリップ力は頭打ち傾向になるが、当たり前に乗ればグリップが頭打ちになったのがはっきり分かるはずで、その特性を利用して限界まで攻めることもできる。

以上のように、トラクション旋回状態というのは、バイクにとって安全でコントローラブルな状態である。フロントに負担を掛けず、スロットルワークと荷重の掛け方でバイクを操ることができるのだ。

トラクションという言葉は、バイクに関する分野で聞かれることも多いと思う。これは学術的には単にタイヤが伝えている駆動力のことでしかない。しかし、バイクにとってトラクションとは、もっと深いニュアンスを含んでいるように思えてならない。それがバイクをコントロールする何よりのポイントであるからだ。

タイヤはトラクションもブレーキも掛けていない状態がもっとも横方向のグリップ力に余裕ができるのだから、クラッチオフでコーナーを回るのが安全という、とんでもない考えの人に会ったこともあるが、そんなことは絶対にないのである。

でもリヤが滑ったとき、どのように対処すればいいのでしょうか？

ここまでのことがしっかりできていたとしよう。でもタイヤがスライドしたときに、そのままバイクが足元をすくわれるようになって、ますますバイクが傾きスライドがひどくなったり、身体がバイクの挙動に置いていかれたとしたら、もうバイクをコントロールできない。

トラクション旋回でバイクをコントロールするということは、見方によっては、リヤタイヤを限界まで攻め立てることでもある。限界付近をうまく使い、フロントとのバランスを取り、バイクの挙動をコントロールしているのである。リヤが滑ったことに対して対処する術がないとしたら、酷な言い方だが、それはバイクコントロールが成り立たないことを意味している。

しかし、悲観的になることはない。普通に当たり前に乗っていれば自然に対処できるのだ。コントロールするというよりは、身体がそのように反応せざるを得なくなってしまうはずなのである。

そこで、何より大切なのが外足荷重である。これは昔から言われ続けているライディングの鉄則だ。

タイヤが横滑りしたとする。ライダーが荷重を加えていたバイクが横に逃げるから、そのとき外向きの遠心力はバイクに荷重されなくなる。ライダーからの荷重は方向が下向きとなり、外足荷重ができていないと、下向きの荷重がバイクを寝かそうとするし、タイヤに荷重が掛からず余計にスライドしてしまう。

でも、外側ステップに荷重が掛かっていると、それによってバイクは押さえ付けられ、起こされようとするからバランスを保てるというわけだ。何もスライドでなくても、常にバイクには細かい振動が生じていて、このように荷重変化しているから、外足荷重することで、バイクの安定性も大きく高まってくるのである。

このことについて、詳しく説明しておこう。

まず、外足荷重といっても、かなり誤解がある。外足をしっかりバイクのアウト側に密着させてホールドすることは大切だし、内足と両側からバイクを挟み込むように力も入れているはずだが、それは荷重ではない。まして、外足に力を入れているだけなのも荷重ではない。グッと力を入れて踏み込んでいても、そのつもりになっているだけで意味のないことが多いし、本当に踏み込んだとしたら、荷重状態のバランスを崩しかねない。

旋回中は、荷重(荷重の合力)はライダーの重心からタイヤの接地点に向かって掛かっているはずだ。そこで外足からだけ荷重するのは不可能で、そんなことをしたら身体がイン側にずれてしまう。荷重のほとんどはシートに掛かり、何度もいってきたように肩がイン側に引っ張り込まれる感覚で荷重感覚を得ているのだが、すると必然

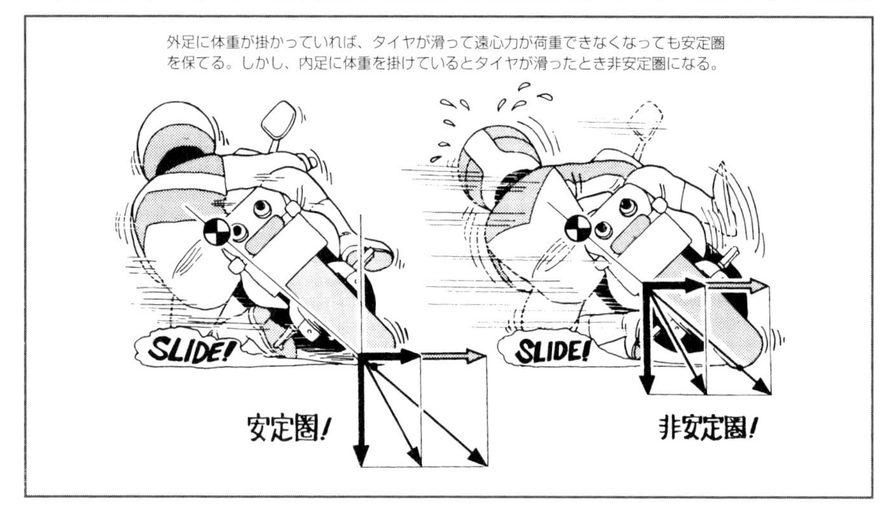

外足に体重が掛かっていれば、タイヤが滑って遠心力が荷重できなくなっても安定圏を保てる。しかし、内足に体重を掛けているとタイヤが滑ったとき非安定圏になる。

的にシートからの荷重点はシートの内側寄りとなり、荷重の一部を外足に振り分けてやることになる。

無理に外足から荷重しようとしても、かえって荷重バランスを崩してしまうのだから、この点で外足荷重を勘違いされている人も多いようだ。

そこでタイヤが滑ったら、そのまま外足の踏み込み感覚を維持しているか、ほんのわずかに踏み込みを強くしてやればよい。

でも、それも難しく考えなくてよい。旋回中、荷重感覚を筋肉から感じ、イン側ステップでもバイクで挟み込んでいるが、滑った瞬間はそれらが抜けたようになるはずだ。たとえとしては適当でないかもしれないが、階段を踏み外しそうになったらもう片方の足で反射的に踏ん張ろうとするし、座っている椅子が突然壊れたら足で身体を支えようとする。それと同じで、Gが抜けたことに対し、無意識に外足で身体を支えようと踏ん張ってしまうのである。

その荷重で、バイクを起こすように押さえることができるわけだが、そのままでは身体がイン側に移動するはず。両足を少し開いて立っていて、そのままの態勢で突然片足だけで立とうとしたら、身体はその足の反対側に動いてしまうのと同じだ。

でもそれでよい。身体がイン側に入れば、その結果マシンは起き、グリップを回復させる方向にバランスさせることができるのである。

ただ、グリップ力を回復させるには、いち早く筋肉からの荷重感覚を取り戻したい。シートに荷重することでリヤをグリップさせているからだ。しかもダイレクトにそれをコントロールしたい。そのために腕を使って、特にイン側グリップをリフトすることで、シートからの荷重を積極的に取り戻そうとしてやることもある。

このコントロールは、リヤに荷重していくときにハンドルをリフトすることで、荷重を積極的にリヤに移動させる感覚にも通じ、その延長でこなせるはずである。それでも、フロントはライン上をニュートラルに転がっていることはいうまでもない。

試しに、バイクにまたがり、外足を踏ん張りながらイン側グリップをリフトしてもらいたい。そうしたら、シートに荷重できたまま上体がインに入るはずである。ライディング中でも、リラックスしていれば自然に身体がそう反応するはずである。それに加え、上体の前傾度の調整とスロットルワークをシンクロさせれば、自然にあの派手なカウンターステアのドリフト走行もこなせるはずである。

内足荷重すると良く曲がるような気がするんですが……

外足荷重の大切さは分かって頂けたと思う。にも関わらず、今はそんなのはもう時代遅れだという誤った認識が、一部に広まったことがあるのは困ったものである。とにかく、これが不変の鉄則なのである。
ただし、コーナーに飛び込んでいくときは、内足でステップを蹴り込む。これはバイクを曲げるためのコントロールの一つである。蹴り込むことでイン側ステップは荷重を受けているから、それが内足荷重であることには違いない。だが、この内足荷重というのは、あくまでステップワークのワンステップなのである。これを混同してはいけない。
外足荷重が始まるのは、ステップワークで内足を蹴り込み、次に外足を前方に踏み出すとき(オフロードでは実際このとき足を出す)で、寝かし込みが始まるタイミングだが、そのときも外足による荷重感覚は保たれている。いずれにしても、フルバンクに達しリヤは荷重していくときは、外足には荷重感覚が生まれていなければならない。だからこそ、スロットルを開け始めたときには完璧なコントロールができるのだし、フルバンクに達する前後共にリスクの高い瞬間でも対処のしようがあるというものである。
外足荷重だと曲がらないと感じておられる方は、おそらく外足荷重を意識するあまり、身体そのものがアウト側に残ってしまっているのではないだろうか。あくまで身体はセンターにないといけないのだ。また、それを意識するあまり身体に要らぬ力が入っているのかもしれない。
内足からの荷重(本当はステップワーク)は、積極的なスポーツライディングでは足の爪先側で行う。足首のバネも使え、積極的で微妙なコントロールも可能になるからだ。ワインディングを流すときもそうしたほうが、バイクがイキイキしてくるはずだ。
でも、基本的に外足は土踏まずで踏み込んでいるのがよいと思う。身体を大きくイン側前方に移動して外足が届きにくいケースをレースでは見かけるが、それは好ましくないと思う。滑ったときに対応する外足荷重は無意識にこなしてしまうものであり、そのとき爪先で踏み込んでいると、足首の動きがかえって災いし、ふくらはぎの筋肉にも荷重感覚が伝わり、ダイレクトな荷重ができなくなってしまうからである。
よく外足をステップに爪先で引っ掛けて乗っているライダーを見かけるが、あれでは外足荷重ができているとは思えない。

でも滑るとどうしてもハイサイド気味になって……

リヤタイヤがスライドした後、急にグリップが回復すると、アウトにスライドしていたタイヤが急に路面に引っ掛かってストップを掛けられたようなものだから、バイクは急激に起こされて反対側に転倒する。これがハイサイドである。荷重を受けて縮んでいたサスペンションやタイヤが、スライドすることで荷重が抜け、伸びることと

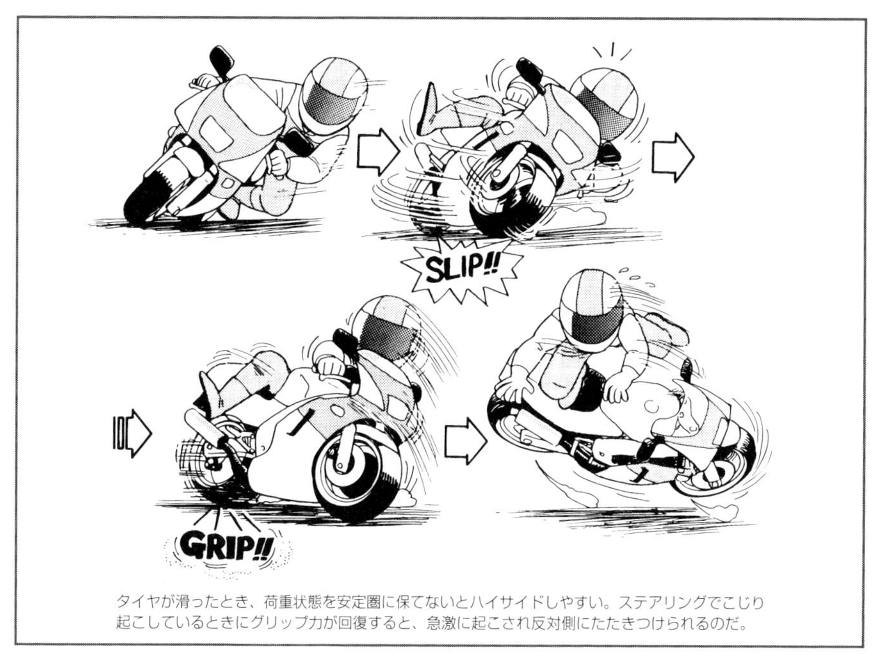

タイヤが滑ったとき、荷重状態を安定圏に保てないとハイサイドしやすい。ステアリングでこじり起こしているときにグリップ力が回復すると、急激に起こされ反対側にたたきつけられるのだ。

重なって、ライダーもアウト側に激しく跳ね飛ばされ、路面に叩き付けられやすいのである。

タイヤが再び喰い付いたとたん、自分がバイクの上で跳ね飛ばされていくのが分かり、それをマシンにしがみついてこらえようとするのだが、そのエネルギーは凄まじく、見事に背負い投げを食わされたようになってしまうのである。私の経験からいっても、これは痛い。バイクもライダーの身体もダメージが大きくなりやすいのだ。

たとえ転倒に至らなくても、逆方向に倒れそうになったバイクのバランスを保つため、走行ラインは突然アウトに向かい、コースアウトすることもある。だから、公道でも非常に危険である。

昔のバイクなら滑ってもそのまま倒れてしまうズリゴケで済むようなところでも、今のバイクは滑りにくく、滑ったときの速度も高い。ストロークをたっぷりとったサスペンションに大きい荷重が掛かっており、滑ったときの反動が大きく、さらにグリップも良い反面、回復もしやすいわけで、ハイサイドしやすいことは確かである。

でも、これが現在のバイクになって初めて表面化したものというわけではなく、昔からよくあったことである。ハイサイドとはいわなくても、もんどり打って転ぶというのはよくあった。グリップの低い土の上だってハイサイドは起きるのである。

一般にいわれているハイサイドの原因は、滑り始めたときに急にアクセルを閉じたことで突然グリップが回復するため、というものである。それがハイサイドを助長することも確かだが、ただ、これが直接の原因ではないと私は考えている。その証拠に、スロットルを戻さなくたってハイサイドするときはハイサイドするし、荷重コントロールがパーフェクトだったら、スロットルを戻してもその現象はそれほど激しくない。
ステアリングをこじないニュートラルな状態のトラクション旋回において、外足荷重ができていて、先ほど述べたスライドしたときのリカバリーも完璧なら、リヤがスライドしても、まずハイサイドは起きない。スライドしてもニュートラル状態を維持していて、バランス状態が突然変化するということはないし、リヤに荷重を与えつつバイクを起こすことができるので、穏やかにグリップを回復させることができる。
ところが、こじながら旋回していたらどうだろう。リヤのトラクションの方向をフロントで変えようとしているのだから、ただでさえ滑りやすいのである。さらに、このときバイクが寝ようとするのを引き舵で起こそうとしていたら、滑った後グリップが回復しようとしたとき、引き舵がバイクを起こしてハイサイドしやすい。逆に押し舵で寝かし付けていたとしても、滑ったときますますバイクが寝てスライドし、あわてて保舵力を弱めてしまい、バイクが起きてハイサイドとなりやすい。
そして、外足荷重ができていなかったら、バイクが倒れ込もうとするので、ライダーは無意識に引き舵でバイクを起こそうとしてしまう。それでグリップが回復すると、やっと荷重も回復してグリップも急激に回復、さらに引き舵でバイクを起こしてきた反動で、ハイサイドしやすいのだ。
そんなわけで、リヤがスライドしたあと起こされるようになるのだとしたら、それは旋回中の荷重の預け方に問題があると考えたほうが良い。

それでも、ちょっと滑るとビクッとしてしまうんです……

知っておくべきは、タイヤと路面の摩擦においては、少し動いたほうが摩擦力が大きくなることである。ゴムは少々動いて細かい変形を繰り返したほうが、それによって抵抗が生まれ、路面に喰い付きやすいのである。
もし、タイヤと路面のグリップの性格が、固体と同じようなものであるとしたら、ちょっと恐いし、バイクをコントロールするのは困難であろう。タイヤが滑り出すやいなや、ズバーッと滑ってグリップは低下したままになってしまうのだ。ひょっとして、滑り出したとたんにビクッとしてしまうという人は、タイヤのグリップに対して、このようなイメージを抱いてはいないだろうか。おまけに、ビクッとしたら身体が硬くなるから余計に悪循環に陥るのである。
本当は、滑り出しを感じたときにタイヤは最もグリップ力を発揮しており、それを感じることで、限界ではなく限界が近づいたことが察知できるのだ。そのことによって限界付近をキープし、それをコントロールすることも可能になっているのである。だから、こうしたタイヤのグリップの性質を信じることも大切である。

そればかりか、バイクのメカニズムにはこうしたタイヤの性質を利用したものまであるのをご存じだろうか。

2気筒以上の多気筒エンジンでは、爆発間隔を細かく均等にするよりも、同爆にしたり不等間隔にしたほうがトラクション性能が良くなるケースが知られている。2ストロークV4のGP500マシンは、1992年以降、2気筒ずつを同爆させるとともに、それを等間隔ではなく近接爆発させることで、トラクション性能を向上させたものが主流になっていたこともある。このことによって、タイヤのグリップが限界を超えても、次の爆発でトルクが伝わるまでにグリップを回復させてやる効果が得られるのだ。4ストロークV4のMotoGPマシンでも、同じコンセプトで2気筒を同爆として、爆発間隔をVツイン同様としている例もある。

また、ABS(アンチロック・ブレーキ・システム)は、タイヤがロックしたとき自動的にブレーキを解除し、さらに再作用させることを、細かく繰り返すことのできるシステムである。これはスリップ率がグリップ力のピークを超えるところに達しても、一度スリップ率を0に戻してやることで、グリップ力のピーク近辺を使えるようにしている。その結果、どのようなテクニシャンよりもタイヤのグリップを生かした効率の良いブレーキングを可能にしている。もしタイヤのグリップが固体のような性格をもっていたとしたら、ABSによってロック転倒の危険は減るとしても、最高のブレーキングは不可能なのである。

リヤステアとはリヤ荷重でもあるんですね……

このリヤステア感覚に関して、人によってかなり解釈の違う場合もあるようだ。

でも、初期のリヤの無荷重状態を利用してスピンターンのようにリヤをアウトに振り出すようなイメージはリヤステアではない。そして、旋回中に車体の弾性によってリヤがトーアウトになるように変形することで、リヤから回り込み、向きが変えやすくなる感覚もリヤステアではないとしておきたい。

フロントを軸にリヤがアウト側に移動してインを向き、そのときリヤタイヤにはコントロールされた荷重が掛かっていて、バイクが基本的に持つオーバーステア特性に働きかけたものこそがリヤステアである、と私はここで定義しておきたい。

旋回中は、ニュートラル性を維持するフロントを軸に、荷重を掛けたリヤで向きを変えていくイメージなのだが、ここで大切なことは、意識の中心もやはりリヤに置く

リヤタイヤに乗り、フロントはそれに引っ張られているだけ。エストリルサーキットにて。装着タイヤはミシュラン・ハイスポルト。

べきであるということである。フロントを軸にしているのだから、意識の中心をフロントに置いてリヤへの荷重でコントロールしていくという感覚が自然なようだが、あくまでフロントはリヤに引っ張られているという感覚を維持するのがいい。

そのほうが無意識にフロントに修正を加えるようなことがないので、ニュートラル性を維持しやすいことが一つ。

そして、リヤタイヤを限界まで攻め、さらに旋回性をコントロールするための荷重コントロール(主に身体の前後移動)やスロットルコントロールを確実にこなしていくには、リヤタイヤの状態をダイレクトに感じることが有効である。常にリヤタイヤをお尻の下に感じ、リヤタイヤと一体になっていれば、バイクの挙動に身体が自然と付いていくし、反応もしやすいというわけである。

私の経験からいっても、同じようにバイクをコントロールしているつもりでも、このわずかな意識の置き方一つで、驚くほどバイクの挙動が違ってきたことがある。この感覚がリヤステアであり、リヤ荷重なのであると私は考えるのである。

リヤに乗る感覚によって、あたかもフロントがないのと同じという感覚が生まれるのだし、一輪車が曲がっていくのと同じようにリヤだけで曲がっていくといった感覚にもなるのである(ただリヤタイヤの一輪車感覚をリヤステアと表現するのは、リヤタイヤのキャンバースラストで曲がっていくといったニュアンスがあって、私は好きではない)。

もう一度誤解のないように付け加えておくが、リヤ荷重といっても、リヤに体重を掛けてコーナーに入っていけばよいということではない。抜重して(タメを入れて)荷重していくことと、そのときも荷重感覚を逃がさないことが大切なのである。

なぜ、ここまでリヤで走ることにこだわるんですか？

いくらトラクション旋回でフロントはないのも同じだと言う人がいたとしても、あくまでそれは感覚的なもので、フロントがなくなれば転倒する。でも、寝かしてしまえば、フロントは転がっていくだけの存在で、あとはリヤへの荷重とスロットルでコントロールしていくのが、バイクの乗り方である。

転倒というリスクを背負ったバイクにおいて、リヤと比べてフロントのスライドはアンコントローラブルである。おまけに四輪車なら操舵はそのまま方向転換になるが、バイクではバンク角を変化させるきっかけにしかならないという宿命がある。

ところがバイクには、傾いた方向に自動的に切れるという自動操舵機能に加え、バンキングに伴う実舵角増大効果という素晴らしい機能が備わっている。あえて操作しなくても、フロントは独りでにあるべき状態に落ち着いてくれる。だから、フロントはバイクに任せて転がしておけばよい。そして、意識をリヤに集中した結果、フロントはなくても同じという感覚が得られるというわけである。

一方のリヤは、バイクが基本的に持っているオーバーステア特性を生かして、コントロールの主体にしてやる。このリヤステア感覚がバイクの特質を生かしたライディングであるはずなのである。

でも、路面が氷雪路などでグリップが極端に悪かったりすると、トラクション旋回にも限界がある。それに後輪駆動のバイクは、氷雪路やぬかるみではスタックすることもある。四輪駆動車と同じ発想でバイクでも前後輪駆動車の可能性も考えられるところだ。

実は、ドリームトキというチューニングショップが1994年に開発したComaという前後

前後輪駆動車Coma。前輪は、後輪が前輪よりも2％少々速く回転するようになると駆動されるようになっている。

輪駆動車がある。それに試乗したところ、バイクのリヤステア特性とタイヤの性質について非常に考えさせられるものがあったので、ここでそれを紹介しておこうと思う。

これまでバイクに前後輪駆動が困難とされたのは、フロントサスペンションとステアリングの動きに影響を与えず前輪を駆動する問題と、前輪と後輪の回転数の差動の問題があったからである。

このComaのフロントサスは、ヤマハGTSやビモータ・テージなどと同じようにダブルウィッシュボーンタイプだが、上下二つのアームにヘッドパイプが支えられ、それにフロントフォークが取り付けられる。フォークは伸び縮みせず、ヘッドパイプが上下に動いてサスが作動する。通常の後輪を駆動するチェーンの途中に設けた前輪駆動用のスプロケットで動力を取り出し、それを3段階のチェーン駆動で前輪に伝える。これによって、フロントサスの作動と操舵の動きに影響せずに前輪を駆動しているのだ。

そして、ここで特に注目しておきたいのは、前輪への減速比は、後輪のそれよりも2%と少々大きく設定され、前輪のハブにはワンウェイクラッチが設けられていることだ。つまり、通常は前輪は空回りしていて、後輪の回転数が前輪よりも約2%高くなって初めて前輪が駆動されるようになっているのである。

氷雪路で試乗したところ、これが実によくできていて、後輪がスリップするといつの間にか前輪がトラクションを肩代わりしてくれていて、後輪だけの駆動だと悪戦苦闘するところでスイスイだし、前輪が引っ張っているというような違和感もない。コーナーでリヤに荷重していったとたん、後輪駆動だとステーンとなるところでそうはならない。スタックするところでも走破できるし、ギャップの通過でリヤがスライドして暴れるケースでもスムーズなのだ。

何より注目したいのは、リヤステアに象徴されるバイク特有のコントロール感覚であるが、やはりひと味もふた味も変化していたのである。

仮にリヤタイヤに滑りが全くないとしたら、半径10Rのコーナーにおいてリヤの軌跡がフロントよりも20cmほど外側にはらんだときに、前輪に駆動力が伝わり始める計算になる。そうなると、リヤだけのトラクションコントロールは不可能になる。ただ実際にはリヤに滑りがあるため、感覚ではリヤが3cm程度アウトになったあたりで、それ以上リヤだけをはらませることはできなくなった。

つまり、リヤのスリップアングルをコントロールするという意味でのリヤステア感覚はそこまでだったのだ。でも、後輪だけの駆動だとそれ以前にリヤからステーンとなってしまうわけだ。

これは、後輪が前輪より2%少々速く回転するまでは前輪を空転させる方式が、速度上昇とともに後輪の軌跡を大きくするというバイクのオーバーステア特性を利用したものであるということだ。旋回速度があるレベルになり、リヤの軌跡が設定まではらんだところで、限界に達するリヤのトラクションをフロントに振り分けているのだ。

そして、氷雪路では2%少々という差動比の設定も絶妙であるといえる。もっとスリップアングルの大きい範囲までコーナリングフォースをコントロールできるダートであれば、この差動比をいくらか大きくしたほうが、リヤステアコントロールの範囲を大きくすることもできるはずである。

さらに、そのまま攻め込んでいくと、トラクションを肩代わりしているフロントのグリップが限界に達し、フロントが突然アウトに逃げ出してしまう。ところが、興味深かったのは、そこでコロンだ！　と思ってあきらめながら反射的にスロットルを戻したところ、フロントのグリップはしっかり回復し、アウトにはらんだ軌跡がまた元に戻ってくれたのである。

トラクションの負担が減って、サイドフォースを取り戻すとともに、フロントに荷重が移動してグリップが高まったのだ。アンコントローラブルなはずのフロントが、ここではコントロール下に置けたのである。横方向に与えられるグリップ力を、トラクションでコントロールすることができるということなのである。

ライダーがタイヤのグリップをコントロールできるかは、トラクションをコントロールできるかどうかにかかっていることも、改めて実感したのであった。たとえバイクの形態がどうあれ、バイクはスロットルで操るものであるという基本は変わらなかったのだ。

著者略歴

和歌山利宏（わかやま・としひろ）

1954年2月18日、滋賀県大津市生まれ。1975年、ヤマハ発動機(株)入社。ロードスポーツ車の開発テストにたずさわる。また自らレース活動を始め、1979年国際A級昇格。1982年より契約ライダーとして、また車体デザイナーとしてXJ750ベースのF-1マシンの開発に当たり、その後、タイヤ開発のテストライダーとなる。以降、30年以上にわたり、フリーのジャーナリストとしてバイクの理想を求めて活躍中。著書に『ライディングの科学』『図説バイク工学入門』(いずれもグランプリ出版)などがある。

タイヤの科学とライディングの極意

著　者	和歌山利宏
発行者	山田国光
発行所	株式会社グランプリ出版 〒101-0051　東京都千代田区神田神保町1-32 電話 03-3295-0005(代)　FAX 03-3291-4418
印刷・製本	モリモト印刷株式会社